宅院合一

小别墅庭院 创意设计图集

住宅公园 / 组织编写   刘登攀 / 主编

化学工业出版社

· 北京 ·

内容简介

本书精心挑选了 70 多套新颖的小别墅设计案例，按照楼层划分为不同的类别，包括新中式、现代、田园和简欧四种风格，每种风格都具有其独特的魅力，满足不同读者的个性化追求和审美喜好。本书部分案例配有庭院设计介绍和视频，以便读者进行更深入的研究和参考。此外，书中通过效果图、平面图、立面图等多种设计图纸共同呈现的方式，为读者提供了每个设计案例的详细信息。而且，每个案例都配有 360°动态效果图和 CAD 图纸，读者可以通过扫描二维码获取相关资料，以了解更多信息。

本书不仅适用于小别墅业主作为设计参考，也适合从事小别墅设计与施工的专业人员使用，是一本兼具实用性和艺术性的设计参考书籍，值得每一位对小别墅设计感兴趣的人阅读和学习。

图书在版编目（CIP）数据

宅院合一：小别墅庭院创意设计图集 ／ 住宅公园组织编写；刘登攀主编． -- 北京 ：化学工业出版社，2025．2． -- ISBN 978-7-122-46674-7

Ⅰ．TU986.2-64

中国国家版本馆CIP数据核字第20248CK116号

责任编辑：彭明兰
文字编辑：邹　宁
责任校对：王　静
装帧设计：刘丽华

出版发行：化学工业出版社
　　　　　（北京市东城区青年湖南街 13 号　邮政编码 100011）
印　　装：河北京平诚乾印刷有限公司
889mm×1194mm　1/16　印张 16½　字数 400 千字
2025 年 2 月北京第 1 版第 1 次印刷

购书咨询：010-64518888　　　　售后服务：010-64518899
网　　址：http://www.cip.com.cn
凡购买本书，如有缺损质量问题，本社销售中心负责调换。

定　　价：98.00元　　　　　　　版权所有　违者必究

前 言

　　在当今社会，自建小别墅已成为众多人心中的理想居住形态，它不仅象征着生活品质的飞跃与空间自由度的拓展，更是个人品位、家庭情感及生活态度的实体化展现。这些小别墅，以其宽敞的设计、精妙的布局，加之居住者全程的参与与监督，营造出一种独特的舒适与安心的氛围。自建小别墅超越了简单的居住功能，成为彰显个性、承载情感与梦想的独特载体。

　　本书收录了超过 70 套创新的小别墅设计案例，按照楼层分为一层、二层和多层三个类别。每一类中又包含了新中式、现代、田园和简欧四种风格，每种风格都独具特色，可以满足不同读者的个性化追求和审美喜好。书中一些案例特别加入了庭院设计的详细解读和视频资料，方便读者深入研究和使用。利用效果图、平面图、立面图等多种设计图纸，本书全面展示了每个案例的设计精髓。此外，每个案例均附有 360° 动态效果图和 CAD 图纸，读者通过扫描二维码即可便捷地获取这些资源，从而更加深入地了解和参考设计细节。

　　由于编者水平有限，尽管反复推敲核实，书中仍难免有疏漏及不妥之处，恳请广大读者批评指正，以便做进一步的修改和完善。

扫描二维码下载本书案例详细图纸，
或者发邮件至 kejiansuoqu@163.com 索取。

扫码下载 CAD 图纸

目 录

上篇　效果图

下篇　设计图

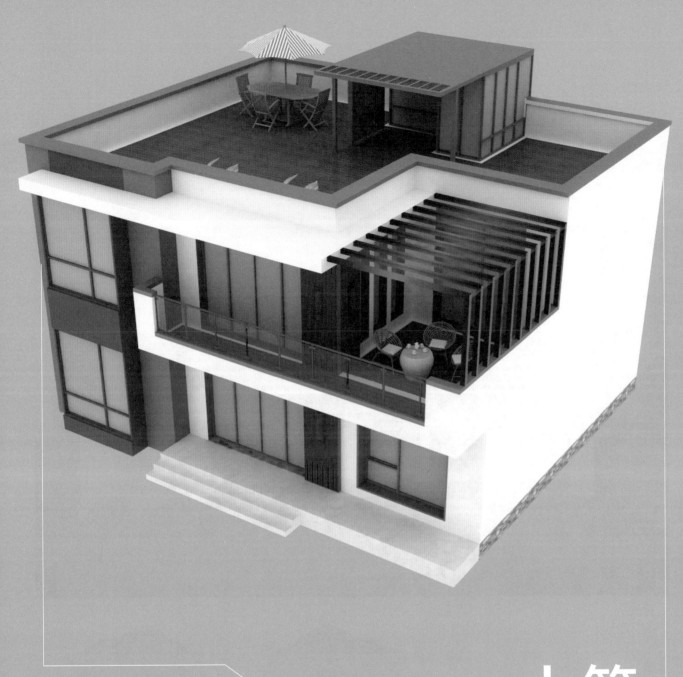

上篇
效果图

一层

方案 1

本方案设计图见 082 页

图纸属性

层数：一层

总长：21.28m

总宽：11.08m

总建筑面积：205.07m²

风格：简欧

室内设置：四室、两厅、一厨、两卫、一储藏间、一花园

扫一扫
可看方案动图

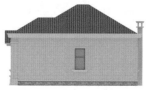

东

西

南

北

方案 2

本方案设计图见 083 页

图纸属性

层数：一层

总长：约 23.62m

总宽：约 22.30m

总建筑面积：273.27m²

风格：简欧

室内设置：四室、两厅、一厨、三卫、一杂房

扫一扫
可看方案动图

东

西

南

北

方案 3

本方案设计图见 084 页

图纸属性

层数：一层

总长：约 17.00m

总宽：约 19.12m

总建筑面积：216.57m^2

风格：简欧

室内设置：三室、两厅、一厨、
一卫、两茶室、一储藏间

庭院介绍

庭院面积：192.5m^2

在庭院中央铺设质地均匀、色彩自然的石子地面，不
仅能为整个空间增添一份质朴与宁静，同时也增强了
庭院的自然风貌。在路径两侧，可以预留出适宜的空
间，以便栽培绿植或摆放一些装饰小品，比如古典的
石制桌抑或是简约的木制长椅。

扫一扫
可看方案动图

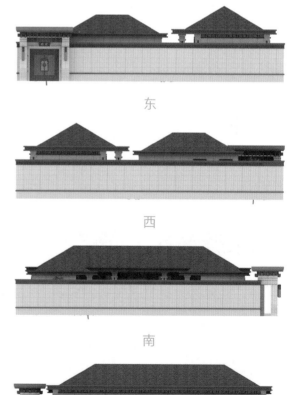

东

西

南

北

方案 4

图纸属性

扫一扫
可看方案动图

层数：一层

总长：约 25.88m

总宽：约 8.70m

总建筑面积：174.88m²

风格：简欧

室内设置：五室、两厅、一厨、两卫、一杂物间、一储藏间

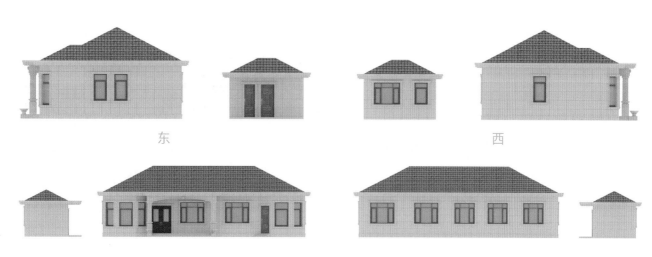

东　　　　　　　　　　　　　　　　　　西

南　　　　　　　　　　　　　　　　　　北

方案5

本方案设计图见 086 页

图纸属性

扫一扫
可看方案动图

层数：一层

总长：35.50m

总宽：59.38m

总建筑面积：723.00m²

风格：田园

室内设置：六室、三厅、一厨、八卫、二书房、一茶室、两设备间、一备用间、一阳光房、三车库、四动物间、两仓库

庭院介绍

庭院面积：742.50m²

庭院布局遵循对称美学，建筑与绿化镜像相对，营造出平衡感。中央草坪与步道相映，进一步凸显了对称之美。一侧小池塘清澈见底，石桥横跨其上，增添灵动景致。整体布局和谐，兼顾美观与实用性，是理想的户外休闲娱乐空间。

东

西

南

北

方案 6

本方案设计图见 088 页

图纸属性

层数：一层

总长：约 20.83m

总宽：约 35.13m

总建筑面积：448.63m²

风格：田园

室内设置：五室、两厅、一厨、三卫、一茶室、一杂物间、一车库、一晾衣间

庭院介绍

庭院面积：282.57m²

在庭院四周种植各种树木和花卉，能为庭院增添了生机与活力。另一侧设有休息区，摆放舒适的座椅和桌子，可供家人朋友聚会休闲。整体来看，这个庭院既实用又美观，充分考虑了居住者的需求，营造出一个舒适宜人的居住环境。

扫一扫
可看方案动图

东

西

南

北

方案 7

本方案设计图见 089 页

图纸属性

层数：一层

总长：22.00m

总宽：17.00m

总建筑面积：234.93m^2

风格：田园

室内设置：六室、两厅、一厨、两卫、一储藏间

庭院介绍

庭院面积：84.53m^2

庭院以灰色砖块铺地，砖块排列整齐，彰显低调奢华且便于维护。门厅两侧有一片精心规划的绿色植物区域，绿意盎然，花卉争艳，为庭院增添了无限生机。这里可以种植一些玫瑰、茉莉、向日葵和紫罗兰等，散发自然芬芳，令人陶醉。到了春天，这里会成为蜜蜂蝴蝶等小生灵的乐园。它们穿梭花间，采蜜舞蝶，为庭院增添灵动色彩，展现自然和谐之美。

扫一扫
可看方案动图

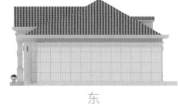

东

西

南

北

方案 8

本方案设计图见 090 页

图纸属性

层数： 一层

总长： 18.60m

总宽： 27.76m

总建筑面积： 274.83m²

风格： 田园

室内设置： 三室、三厅、一厨、三卫、一书房、两健身房、一储藏间

扫一扫
可看方案动图

庭院介绍

庭院面积： 234.74m²

庭院设计巧妙地融合了自然美景与实用功能。以绿色草坪作为基底，种植了各种植物和花卉，色彩斑斓，芬芳四溢，增添了庭院的生机与活力。休息区域放置四张舒适的藤椅，搭配一张小茶几，营造出一种远离尘嚣、回归自然的宁静氛围。而花园另一侧的停车空间，巧妙地解决了居民停车的问题，避免了车辆随意停放对庭院美观的破坏，同时也确保了居民出行的便捷性。

东

西

南

北

方案 9

本方案设计图见 091 页

图纸属性

层数：一层

总长：13.90m

总宽：20.30m

总建筑面积：193.77m²

风格：田园

室内设置：三室、三厅、一厨、两卫、一棋牌室、一储藏间

庭院介绍

庭院面积：81.33m²

庭院的中间摆放了四张休闲椅和一张小茶几，既体现了空间的宽敞与通透，又在不经意间透露出一种闲适与雅致。而庭院的一角有个小鱼塘，池水清澈见底，几尾鱼儿在水中悠然自得地游弋，为整个庭院增添了几分生机与灵动。围绕着小鱼塘，各式各样的花花草草被精心种植，它们竞相绽放，色彩斑斓，芬芳扑鼻。让人仿佛置身于一个远离尘嚣的世外桃源，放松与净化疲惫的心灵。

扫一扫
可看方案动图

东

西

南

北

方案 10

本方案设计图见 092 页

图纸属性

层数：一层

总长：16.20m

总宽：6.80m

总建筑面积：95.00m²

风格：田园

室内设置：两室、两厅、一厨、一卫

扫一扫
可看方案动图

东

西

南

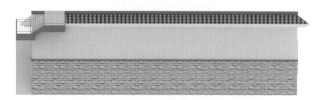
北

方案 11

本方案设计图见 093 页

图纸属性

扫一扫
可看方案动图

层数：一层

总长：13.24m

总宽：15.24m

总建筑面积：144.66m²

风格：田园

室内设置：五室、一厅、一厨、两卫、一杂物间

东

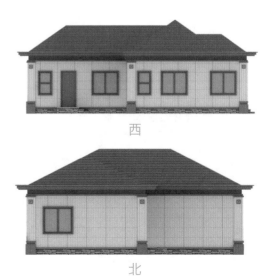

西

南

北

方案 12

本方案设计图见 094 页

图纸属性

层数：一层

总长：17.50m

总宽：10.80m

总建筑面积：168.60m²

风格：现代

室内设置：四室、两厅、一厨、五卫

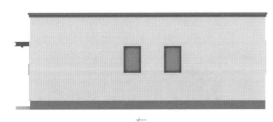

东

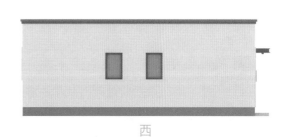

西

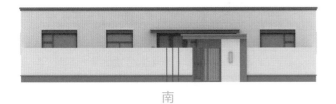

南

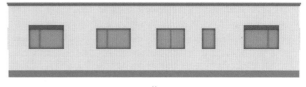

北

方案 13

本方案设计图见 095 页

图纸属性

层数：一层

总长：约 13.90m

总宽：约 13.30m

总建筑面积：179.60m²

风格：现代

室内设置：四室、两厅、一厨、两卫

庭院介绍

庭院面积：228.57m²

庭院的设计简约，入门是细心搭配的花草与灌木，自然之美跃然眼前。深入庭院，一个木质露台为视觉的焦点，配备的户外桌椅舒适宜人，是享受休闲时光和聚会的绝佳场所。露台周围，繁茂的绿植和花卉有序排列，它们不仅为庭院增添了色彩，更是生命力与活力的象征，使得这个小空间洋溢出热烈的生机与自然的气息。

扫一扫
可看方案动图

东

西

南

北

方案 14

本方案设计图见 096 页

图纸属性

层数： 一层

总长： 约 23.36m

总宽： 约 10.40m

总建筑面积： 207.97m²

风格： 新中式

室内设置： 四室、两厅、一厨、两卫、一储藏间

庭院介绍

庭院面积： 100.60m²

结合了现代风格与中式元素的庭院设计，呈现出一种别致的宁静与和谐。四周环绕的绿树和茂密的灌木，不仅装点了环境，也营造出一种自然的清新感。庭院的布局宽敞明亮，地面以灰色砖块铺就，显得整洁而富有质感。庭院中设有宽敞的活动空间，为休闲娱乐提供了场所，为生活增添了活力。同时，围墙上的中式花格窗设计，既增强了庭院的隐私性，也提升了其装饰美感。

扫一扫
可看方案动图

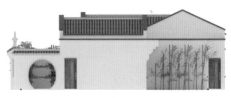

东

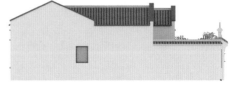

西

南

北

方案 15

本方案设计图见 097 页

图纸属性

层数： 一层

总长： 约 29.90m

总宽： 约 12.00m

总建筑面积： 273.12m²

风格： 新中式

室内设置： 五室、两厅、一厨、六卫

庭院介绍

庭院面积： 50.25m²

图片中的庭院设计透露出一种自然而和谐的气息，将现代审美与实用性完美结合。庭院的布局既宽敞又对称，地面上铺陈着有序的石板，打造出一个整洁而幽雅的户外活动区域。在绿化上，精心安排的花坛错落分布，各式花卉和灌木争奇斗艳，为庭院带来了缤纷的色彩和生机盎然的气息。另外，庭院里还细心摆放了户外桌椅等，为居住者提供了一个舒适的休闲环境。

扫一扫
可看方案动图

东

西

南

北

方案 16

本方案设计图见 098 页

图纸属性

总建筑面积： 214.32m²

层数： 一层

风格： 新中式

总长： 11.80m

室内设置： 四室、两厅、一厨、五卫、一茶室、

总宽： 27.60m

一棋牌室、一配电间、一设备间

扫一扫
可看方案动图

庭院介绍

庭院面积： 123.90m²

庭院空间布局合理，保留了宽敞的开放区域，使整个庭院显得开阔又井然有序。绿植的巧妙融入，不仅美化了空间，还增添了自然的活力和生态美感。庭院中的桌椅设计既适合用作餐厅，也适合休闲放松，为家庭聚会或朋友相会提供了理想场所。为了进一步提升庭院的品质和绿化效果，可以考虑增加多种植物，打造出多层次的绿化景观，使庭院更加充满生机。

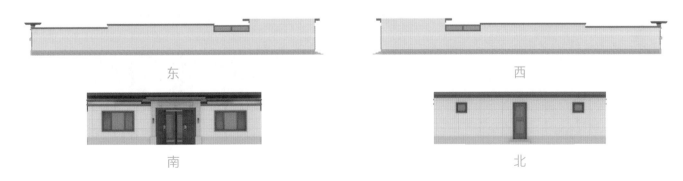

东

西

南

北

方案 17

本方案设计图见 099 页

图纸属性

层数：一层

总长：约 16.00m

总宽：约 16.00m

总建筑面积：199.21m²

风格：新中式

室内设置：三室、两厅、一厨、三卫

庭院介绍

庭院面积：46.77m²

庭院设计巧妙融合了传统风格，以白灰两色调为主，线条流畅，营造出清新雅致的氛围。布局既开放又有序，显得格外宽敞。种植了多种树木和花卉，为庭院注入了生机与活力。户外家具多功能化，适合聚会也宜于放松。为了提升庭院的整体品质，可以增加更多植物种类，打造立体绿化景观，并通过铺设石子小径和种植耐阴植物来进一步提升庭院的整体品质。

扫一扫
可看方案动图

东

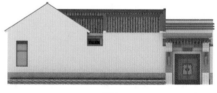

西

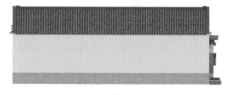

北

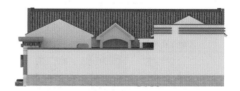

南

方案 18

本方案设计图见 100 页

图纸属性

层数：一层

总长：19.34m

总宽：约 16.54m

总建筑面积：181.55m²

风格：新中式

室内设置：四室、两厅、一厨、三卫、一棋牌室

扫一扫
可看方案动图

庭院介绍

庭院面积：124.00m²

庭院的设计彰显了中国传统建筑的韵味，白墙灰瓦与绿植红花相映成趣，对称的布局彰显了和谐之美。庭院内树木葱郁，灌木丛生，与中心花园相得益彰，入口的石雕装饰更增添了艺术气息。中央的桌椅为休憩提供了便利，为了增加庭院的趣味性和吸引力，可以增设喷泉、假山和四季花卉等，使之成为理想的休闲场所。

东

西

南

北

方案 19

本方案设计图见 101 页

图纸属性

层数： 一层

总长： 24.00m

总宽： 28.20m

总建筑面积： 449.00m²

风格： 新中式

室内设置： 五室、四厅、一厨、五卫、一书房、一车库

庭院介绍

庭院面积： 403.58m²

庭院设计体现了古典建筑的对称美，前院宽敞并配有影壁，既保证了隐私，又增添了美观。院内种植的海棠、石榴等植物，既美化了环境，又富有吉祥之意。中院作为家庭成员的日常活动中心，布局对称，配有花坛，显得格外和谐。后院则较为隐蔽，适合作为种植蔬菜和果树的区域。整个庭院设计不仅注重美观与实用，更体现了传统文化的传承，是一个既适合居住又具有文化价值的空间。

扫一扫
可看方案动图

东

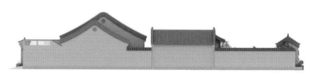

西

南

北

方案 20

本方案设计图见 102 页

图纸属性

层数：一层

总长：20.24m

总宽：16.74m

总建筑面积：204.75m²

风格：新中式

室内设置：五室、三厅、一厨、二卫、一茶室、一储藏间

庭院介绍

庭院面积：101.79m²

庭院设计巧妙地将大门与内部空间分隔开来，院内种植了各式花卉和绿树，四季常青，为住宅营造出一个宁静而宜人的环境。靠近街道的地方设有一个宽阔的露台，上面布置了舒适的座椅和桌子，让居住者能够沐浴在阳光之下，呼吸清新的空气。建筑旁边，有一小块独立的庭院空间，可以栽种多样化的高低不一、色彩缤纷的花卉，或者种植一些可供采摘的瓜果蔬菜，增添了庭院的实用性和乐趣。

扫一扫
可看方案动图

东

西

南

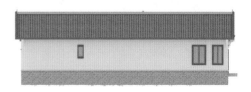

北

方案 21

本方案设计图见 103 页

图纸属性

层数： 一层

总长： 23.30m

总宽： 25.00m

总建筑面积： 311.67m^2

风格： 新中式

室内设置： 七室、两厅、一厨、三卫、一储藏间

庭院介绍

庭院面积： 190.94m^2

庭院设计完美诠释了中国传统建筑的魅力，以白墙
灰瓦的建筑为核心，对称的布局和中央通道的设计，
使得两侧建筑有序排列，营造出一种和谐而宁静的
氛围。庭院内绿树茂盛，花朵争奇斗艳，不仅美化
了环境，也改善了空气，让人仿佛融入了自然。中
央的圆形桌椅设计巧妙，为空间注入了活力与生机，
彰显了中国传统文化的独特韵味。

扫一扫
可看方案动图

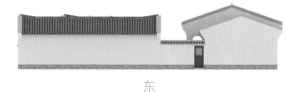

东

西

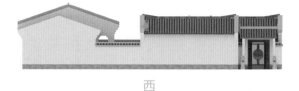

南

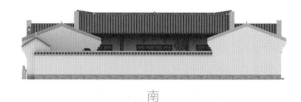

北

方案 22

本方案设计图见 104 页

图纸属性

层数： 一层

总长： 13.24m

总宽： 24.24m

总建筑面积： 176.00m²

风格： 新中式

室内设置： 五室、两厅、一厨、四卫

庭院介绍

庭院面积： 134.05m²

庭院一侧精心布置的小型花园，以花坛和绿植为中心，不仅美化了环境，还成为自然与建筑和谐共生的典范。地面铺设的石砖整齐划一，既实用又让庭院整洁与美观。庭院内设置了一个温馨的休息区，摆放着桌椅，为户外聚会或独自小憩提供了理想的空间。四周环绕的盆栽，不仅提升了庭院的绿化率，还带来了四季变换的景致，让人心旷神怡。

扫一扫
可看方案动图

东

西

南

北

二层

方案 23

本方案设计图见 105 页

图纸属性

层数： 二层

总长： 12.00m

总宽： 12.00m

总建筑面积： 239.11m²

风格： 简欧

室内设置： 四室、三厅、一厨、四卫、一书房

扫一扫
可看方案动图

东

西

南

北

方案 24

本方案设计图见 107 页

图纸属性

扫一扫
可看方案动图

层数： 二层

总长： 约 17.46m

总宽： 约 23.00m

总建筑面积： 370.28m²

风格： 田园

室内设置： 六室、三厅、一厨、二卫、一书房

庭院介绍

庭院面积： 230.16m²

庭院的设计以简洁幽雅为宗旨，整体布局对称，呈现出矩形形状的井然有序。地面铺设的灰色砖块不仅实用，还增添了美观度，划分出了清晰的步道和停车区域。前院生机盎然，灌木与花卉错落有致，为庭院带来了生机与自然感。设计中包括了专门的停车位和车道，能够轻松停放两辆汽车，满足现代家庭的需求。庭院周围装饰有铁艺围栏和柱子，不仅提升了安全性，还美化了视觉效果。

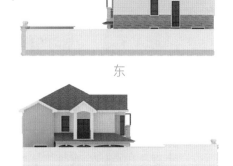

东

西

南

北

方案 25

本方案设计图见 109 页

图纸属性

层数：二层

总长：16.20m

总宽：15.10m

总建筑面积：340.00m²

风格：田园

室内设置：六室、三厅、一厨、四卫、一储藏间、一阳光房、一棋牌室、一露台

扫一扫
可看方案动图

东

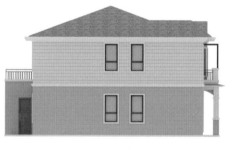

西

南

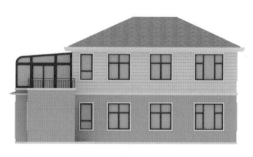

北

方案 26

本方案设计图见 111 页

图纸属性

层数：二层

总长：约 9.50m

总宽：约 32.80m

总建筑面积：449.79m²

风格：田园

室内设置：四室、四厅、一厨、四卫、一储藏间、一娱乐房、一书房、一露台

扫一扫
可看方案动图

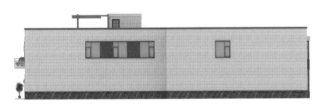

东

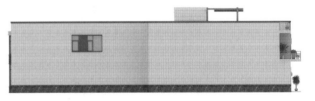

西

南

北

方案 27

本方案设计图见 113 页

图纸属性

扫一扫
可看方案动图

层数： 二层　　　　　**总建筑面积：** 331.52m²

总长： 约 18.76m　　　**风格：** 现代

总宽： 约 8.38m　　　 **室内设置：** 七室、两厅、一厨、八卫

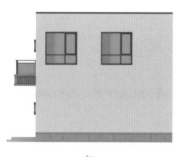

东

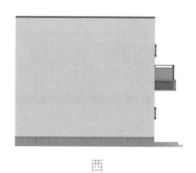

西

南

北

方案 28

本方案设计图见 115 页

图纸属性

层数：二层

总长：约 19.30m

总宽：约 13.00m

总建筑面积：448.00m²

风格：现代

室内设置：七室、两厅、一厨、六卫、一书房、一健身房、一储藏间

扫一扫
可看方案动图

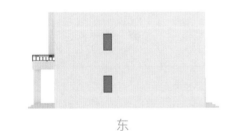

东

西

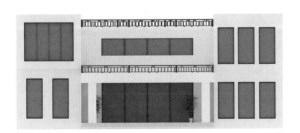

南

北

方案 29

本方案设计图见 117 页

图纸属性

层数：二层

总长：约 12.44m

总宽：约 14.04m

总建筑面积：235.79m²

风格：现代

室内设置：五室、一厅、一厨、二卫、一书房

东

西

扫一扫
可看方案动图

南

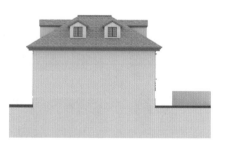

北

方案 30

本方案设计图见 119 页

图纸属性

层数： 二层

总长： 12.44m

总宽： 14.04m

总建筑面积： 290.00m²

风格： 现代

室内设置： 四室、两厅、一厨、三卫、一车库

扫一扫
可看方案动图

东

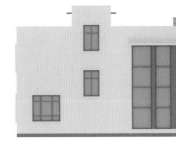

西

南

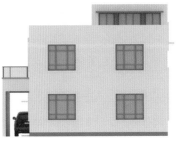

北

方案 31

本方案设计图见 121 页

图纸属性

层数： 二层

总长： 20.24m

总宽： 23.24m

总建筑面积： 510.26m²

风格： 现代

室内设置： 六室、三厅、一厨、九卫、一书房、一阳光房、一影音室

庭院介绍

庭院面积： 210.78m²

庭院设计融合了现代的整洁风格与自然的休闲元素，呈现出一种和谐的美感。庭院内种植了丰富的绿色植物，增添了生机与活力。同时，庭院布局合理，设有户外桌椅，为居民提供了舒适的休闲和用餐空间。石板步道贯穿庭院，既方便行走，又增添了庭院的层次感。庭院一角的小池塘是视觉焦点，不仅为住户提供了放松的好去处，还将水域元素巧妙地融入整体设计中，增添了几分清凉与雅致。

扫一扫
可看方案动图

东

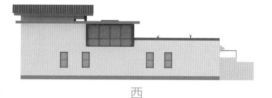

西

南

北

方案 32

本方案设计图见 123 页

图纸属性

层数：二层

总长：14.14m

总宽：10.34m

总建筑面积：165.40m²

风格：现代

室内设置：四室、两厅、一厨、三卫、二露台

扫一扫
可看方案动图

东

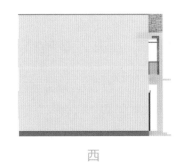

西

南

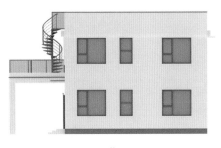

北

方案 33

本方案设计图见 125 页

图纸属性

层数：二层

总长：10.80m

总宽：11.70m

总建筑面积：126.00m²

风格：现代

室内设置：四室、两厅、一厨、两卫、一露台

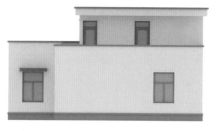

东

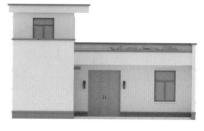

南

扫一扫
可看方案动图

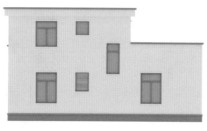

西

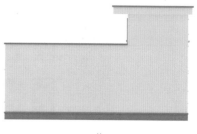

北

方案 34

本方案设计图见 127 页

图纸属性

层数：二层

总长：13.05m

总宽：约 11.04m

总建筑面积：256.16m²

风格：现代

室内设置：六室、三厅、一厨、两卫、一茶室

扫一扫
可看方案动图

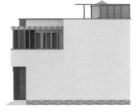
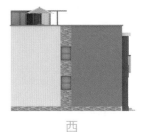

东 西

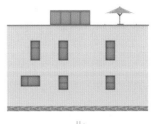

南 北

庭院介绍

庭院面积：240.03m²

庭院以现代简洁风格展现，与住宅设计和谐统一。一片平整而生机勃勃的修剪草地，为住宅注入了自然的活力。边缘错落摆放的盆栽，包括花卉、灌木和小树，增添了空间的层次与趣味，形成和谐的视觉盛宴。庭院布局简约，仅设休闲区与停车位，没有过多的装饰元素，每处细节尽显主人品位与细心。

方案 35

本方案设计图见 129 页

图纸属性

层数：二层

总长：14.00m

总宽：11.25m

总建筑面积：287.31m²

风格：现代

室内设置：六室、四厅、两厨、四卫

扫一扫
可看方案动图

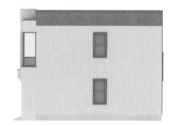

东

西

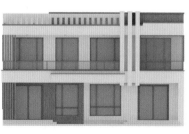

南

北

方案 36

本方案设计图见 131 页

图纸属性

层数：二层

总长：16.30m

总宽：12.30m

总建筑面积：333.56m²

风格：现代

室内设置：五室、三厅、一厨、五卫、一书房、一茶室

扫一扫
可看方案动图

东

西

南

北

方案 37

本方案设计图见 133 页

图纸属性

层数： 二层

总长： 约 23.96m

总宽： 约 37.22m

总建筑面积： 817.32m²

风格： 新中式

室内设置： 十二室、三厅、一厨、九卫、四办公室、四书房、一静室、一茶室、两阁楼

庭院介绍

庭院面积： 112.95m²

庭院巧妙地将古典韵味与现代设计理念相融合，展现出独特的魅力。白墙黑瓦的简约搭配，配以微微翘起的屋顶，尽显中式建筑的典雅风范。入口处设有影壁，巧妙地遮挡了外界视线，增添了几分私密感。步入侧门，大缸置于庭院中央，周围则布满绿植和各式花盆，为庭院带来了勃勃生机。人在其中，不仅能欣赏到美景，更能感受到一种令人沉醉的宁静与和谐。

扫一扫
可看方案动图

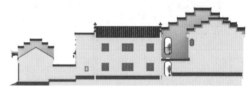
东

西

南

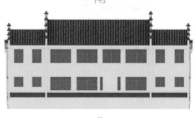
北

方案 38

本方案设计图见 135 页

图纸属性

层数： 二层

总长： 约 20.20m

总宽： 约 13.90m

总建筑面积： 438.00m²

风格： 新中式

室内设置： 五室、三厅、一厨、六卫、
三书房、一茶室、一棋牌室、二储藏间

庭院介绍

庭院面积： 544.11m²

庭院展现了古典中国园林的魅力，中心位置的中式建筑
布局巧妙，四周由围墙环绕，内部精心划分出多个功能区。
院内树木郁郁葱葱，灌木生机勃勃，灰色砖块铺就的地
面显得格外整洁有序。在庭院一角，八角亭静静地矗立，
成为人们休闲放松、聚会交流的绝佳之地。这一切无不
体现了中国传统文化的深厚底蕴和工匠们的高超技艺。

扫一扫
可看方案动图

扫一扫
看不同庭院设计视频

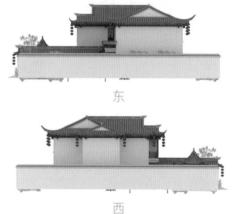

东

西

南

北

方案 39

本方案设计图见 138 页

图纸属性

层数：二层

总长：约 20.50m

总宽：约 11.10m

总建筑面积：330.05m²

风格：新中式

室内设置：八室、两厅、一厨、四卫

扫一扫
可看方案动图

扫一扫
看不同庭院设计视频

东　　　　南

西　　　　北

庭院介绍

庭院面积：40.00m²

庭院内部，植物花卉的巧妙搭配营造出一片生机盎然的景象，绿意与花海的交织为这个小空间注入了无限活力。庭院的设计既注重美观又考虑实用，石板小径和柔软草坪的铺设，既方便行走又便于清洁。阳台与栏杆的设计不仅提供了观赏庭院美景的绝佳位置，同时也确保了居住的安全与舒适。庭院与住宅的和谐搭配，共同营造出一个宁静而宜人的居住环境。

方案 40

本方案设计图见 139 页

图纸属性

扫一扫
可看方案动图

层数： 二层

总长： 约 16.30m

总宽： 约 15.70m

总建筑面积： 296.67m²

风格： 新中式

室内设置： 四室、三厅、一厨、四卫、一储藏间

东

南

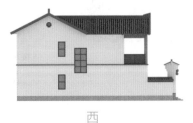

西

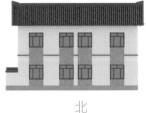

北

庭院介绍

庭院面积： 105.87m²

庭院将传统与现代元素巧妙结合，位于一栋两层传统建筑之前，两者相得益彰，形成一幅美丽的景致。庭院以灰色石板路铺就，一侧设有露台，摆放着简洁的休闲家具，提供了一个品茶、聊天、阅读的宁静空间。庭院内种植的乔木和灌木随风轻摆，发出沙沙声，不仅增添了大自然的韵味，还起到了分隔空间、保障隐私的作用，使得整个庭院显得更加静谧和私密。

方案 41

本方案设计图见 141 页

图纸属性

层数： 二层

总长： 约 12.20m

总宽： 约 9.30m

总建筑面积： 175.00m²

风格： 新中式

室内设置： 三室、两厅、一厨、两卫、一露台

扫一扫
可看方案动图

扫一扫
看不同庭院设计视频

东

西

南

北

庭院介绍

庭院面积： 51.97m²

庭院坐落在建筑前方，宽敞而整洁，仅凭简约的绿化与巧妙的停车区布局，便实现了功能性与美观性的完美平衡。树木与灌木的点缀，为庭院带来了勃勃生机和一抹清新绿意，它们随风轻舞，似乎在娓娓道来季节更替的故事。庭院的入口附近设有宽敞的停车区，足以容纳四辆汽车，既体现了现代生活的便捷性，又保持了庭院的和谐统一。

方案 42

本方案设计图见 142 页

图纸属性

层数：二层

总长：约 13.00m

总宽：约 35.90m

总建筑面积：493.86m²

风格：新中式

室内设置：十室、三厅、一厨、十卫

扫一扫
可看方案动图

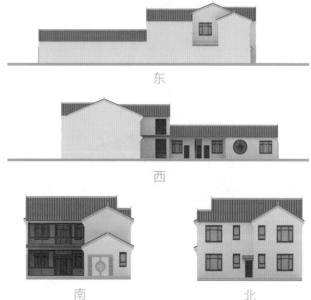

东

西

南　　　　北

庭院介绍

庭院面积：205.08m²

庭院虽非建筑中心，却以其精致的设计和谐地融入周围环境，极大地增强了住宅的整体魅力。空间布局井然有序，尤其是住宅前方和右侧的区域。庭院里的绿植与家具的和谐搭配，不仅展示了自然的美丽，也透露出居住者的生活风格，为庭院注入了生机。绿植巧妙地划分了空间，带来自然的气息，随风轻摇的树叶与灯光相映成趣，营造出夜晚的宁静与和谐。

方案 43

本方案设计图见 144 页

图纸属性

层数：二层　　　　**总建筑面积**：358.00m²

总长：18.74m　　　**风格**：新中式

总宽：13.74m　　　**室内设置**：四室、三厅、一厨、四卫、一书房、一茶室、一露台

扫一扫
可看方案动图

东

西

南

北

方案 44

本方案设计图见 146 页

图纸属性

层数： 二层

总长： 12.84m

总宽： 18.24m

总建筑面积： 292.85m²

风格： 新中式

室内设置： 六室、二厅、一厨、四卫、一茶室

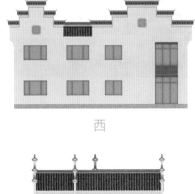

东　　　　　　　　西

南　　　　　　　　北

庭院介绍

庭院面积： 232.99m²

庭院位于住宅前方，虽然面积不大，但设计巧妙，空间利用得当。院内多种植物和花卉有序排列，点缀在各个角落，不仅为庭院带来了生机与色彩，还起到了美化环境、净化空气和调节微气候的多重作用。庭院中划分了休闲区和饮茶区，一角还精心设置了假山，假山旁边绿植不多，但布置得恰到好处，使得整个庭院既实用又美观。

扫一扫
可看方案动图

多层

方案 45

本方案设计图见 148 页

图纸属性

层数： 三层

总长： 约 15.30m

总宽： 约 12.30m

总建筑面积： 482.00m²

风格： 简欧

室内设置： 七室、三厅、一厨、五卫、一书房、一茶室、一健身房、一储藏间、一露台

扫一扫
可看方案动图

东

西

南

北

方案 46

本方案设计图见 151 页

图纸属性

层数： 三层

总长： 约 23.00m

总宽： 约 14.80m

总建筑面积： 692.76m²

风格： 简欧

室内设置： 十室、七厅、二厨、六卫、二书房、二露台、二储藏间

扫一扫
可看方案动图

东

西

南

北

方案 47

本方案设计图见 154 页

图纸属性

层数：三层

总长：11.30m

总宽：13.50 m

总建筑面积：356.73m²

风格：简欧

室内设置：七室、四厅、一厨、六卫、一书房、二露台、一储藏间

扫一扫
可看方案动图

东

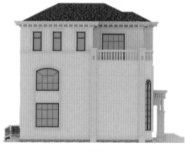

西

南

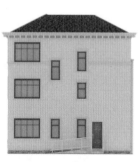

北

方案 48

本方案设计图见 157 页

扫一扫
可看方案动图

东

西

图纸属性

层数：四层

总长：18.83m

总宽：14.34m

总建筑面积：683.04m²

风格：简欧

室内设置：八室、四厅、一厨、六卫、二洗衣房、二书房、二露台

南

北

方案 49

本方案设计图见 161 页

图纸属性

层数： 三层

总长： 14.95m

总宽： 13.00m

总建筑面积： 337.00m²

风格： 田园

室内设置： 三室、三厅、一厨、两卫、二储藏间、一健身房

扫一扫
可看方案动图

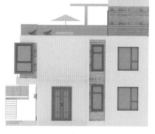

东

西

南

北

方案 50

本方案设计图见 164 页

图纸属性

层数： 三层

总长： 12.00m

总宽： 10.10m

总建筑面积： 315.82m²

风格： 田园

室内设置： 四室、四厅、一厨、五卫、一杂物间、一书房、一活动室、二露台

扫一扫
可看方案动图

东

西

南

北

方案 51

本方案设计图见 167 页

图纸属性

层数：三层

总长：约 8.50m

总宽：约 15.00m

总建筑面积：356.26m²

风格：田园

室内设置：六室、三厅、一厨、四卫、一杂物间、一棋牌室、一健身房、一露台

扫一扫
可看方案动图

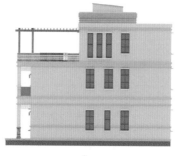

东　　　　　　　　　　西

南　　　　　　　　　　北

方案 52

本方案设计图见 170 页

图纸属性

层数：三层

总长：15.24m

总宽：12.24m

总建筑面积：590.92m²

风格：田园

室内设置：六室、三厅、三厨、
六卫

扫一扫
可看方案动图

东

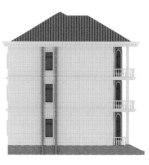

西

南

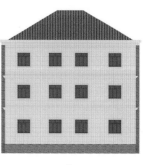

北

方案 53

本方案设计图见 172 页

图纸属性

层数： 三层

总长： 约 6.59m

总宽： 约 12.37m

总建筑面积： 191.00m²

风格： 田园

室内设置： 四室、三厅、一厨、三卫、一书房

扫一扫
可看方案动图

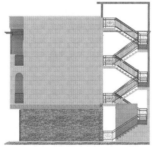
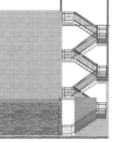

东

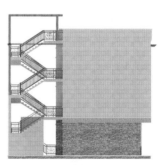

西

南

北

方案 54

本方案设计图见 175 页

图纸属性

层数：三层

总长：11.70m

总宽：12.80m

总建筑面积：367.00m²

风格：田园

室内设置：七室、四厅、一厨、三卫、一烤火房、一棋牌室、二书房、一露台

扫一扫
可看方案动图

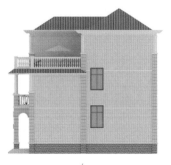

东

西

南

北

方案 55

本方案设计图见 178 页

图纸属性

层数：五层

总长：13.00m

总宽：14.70m

总建筑面积：713.00m²

风格：现代

室内设置：五室、四厅、一厨、六卫、一娱乐室、一活动室、一书房、一储藏间、一露台

扫一扫
可看方案动图

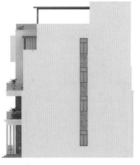

东

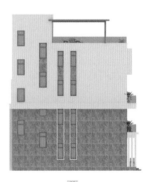

西

南

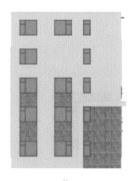

北

方案 56

本方案设计图见 183 页

图纸属性

层数：三层

总长：17.54m

总宽：13.74m

总建筑面积：503.67m²

风格：现代

室内设置：九室、五厅、一厨、六卫、一展览室、三露台

扫一扫
可看方案动图

东　　　　　　西

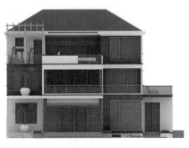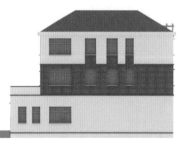

南　　　　　　北

方案 57

本方案设计图见 186 页

图纸属性

层数：三层

总长：约 22.30m

总宽：约 22.18m

总建筑面积：711.00m²

风格：现代

室内设置：六室、四厅、三厨、六卫、一储藏间、一工具房、二书房、一棋牌室、一健身房、二露台

扫一扫
可看方案动图

庭院介绍

庭院面积：253.60m²

庭院以现代且雅致的风格亮相，中央位置的长方形游泳池，水质清澈透明，仿佛映射出周围的每一个美好细节，给整个空间带来了一丝清凉与高级感。游泳池旁，精心布置了一个休息区，几把舒适的躺椅和遮阳伞错落有致，邀请着人们在此小憩，享受户外的宁静与惬意。四周郁郁葱葱的绿树和灌木，为这片区域增添了一袭自然的绿装，让人仿佛置身于宁静的世外桃源。

东　　　西

南　　　北

方案 58

本方案设计图见 189 页

图纸属性

层数： 三层

总长： 约 11.00m

总宽： 约 11.00m

总建筑面积： 309.00m²

风格： 现代

室内设置： 四室、二厅、一厨、五卫、一杂物间、一书房、一茶室、一露台

扫一扫
可看方案动图

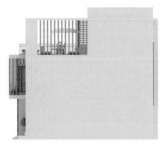

东

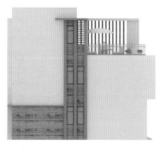

西

南

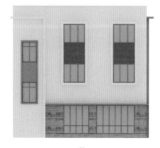

北

方案 59

本方案设计图见 192 页

图纸属性

层数：三层

总长：10.00m

总宽：约 14.68m

总建筑面积：320.00m²

风格：现代

室内设置：六室、四厅、一厨、六卫、三露台

东

西

南

北

庭院介绍

庭院面积：44.76m²

别墅内庭院面积小，可以通过精选盆栽增添自然生机，而别墅外部的广阔空间则被巧妙地转化为生态小花园，树木与灌木的错落有致，为环境增添了无尽的魅力。庭院地面铺设的石板砖，既美观又实用，为户外活动提供了理想场所。同时，宽敞的停车位设计考虑周到，确保了停车方便。整体设计融合自然美与功能性，既展现了现代生活的便捷与舒适，又不失对自然环境的尊重与爱护。

扫一扫
可看方案动图

方案 60

本方案设计图见 195 页

图纸属性

层数： 三层

总长： 11.70m

总宽： 约 7.60m

总建筑面积： 212.00m^2

风格： 现代

室内设置： 四室、二厅、一厨、
三卫、一露台

东

西

南

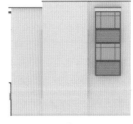

北

庭院介绍

庭院面积： 34.02m^2

庭院虽然规模不大，但是在住宅的前方，可以打造为一个精致的迷你花园。园内栽
种生命力强的植被，或是繁茂的绿植与灌木，不仅可为居住者营造隐私空间，还能
带来自然的活力与生气。每当夜幕降临，天空中那轮皎洁的月亮，仿佛为这片宁静
的庭院覆盖了一层神秘而又充满浪漫气息的薄纱。

扫一扫
可看方案动图

方案 61

本方案设计图见 197 页

图纸属性

层数：三层

总长：18.24m

总宽：14.14m

总建筑面积：475.00m²

风格：现代

室内设置：七室、三厅、一厨、六卫、四露台、一洗衣房、一储藏间

扫一扫
可看方案动图

东

西

庭院介绍

庭院面积：700.00m²

庭院绿化以紫色花卉和灌木为亮点，既美化环境又提供纳凉休憩的场所。户外休闲区配备遮阳伞和桌椅，位于二楼露台下，便利舒适。庭院设有宽敞的停车区，体现现代生活的便利。围墙和门禁可增强安全性，红色灯笼装饰增添了温馨雅致的气氛。方案设计风格偏现代实用，满足了居民对美好生活的追求。

南

北

方案 62

本方案设计图见 200 页

图纸属性

层数： 四层

总长： 22.64m

总宽： 16.99m

总建筑面积： 1000.75m^2

风格： 现代

室内居住部分： 七室、三厅、一厨、八卫、二书房、一茶室、一 KTV 包厢、三露台

室内工作部分： 七工作间、一餐厅、一厨、二卫

庭院介绍

庭院面积： 371.87m^2

庭院设计巧妙融合现代与自然元素，植物花卉的精心搭配带来色彩与生机，营造出都市绿洲的氛围。灌木树木既保证私密性又展现自然美。顶层露台提供了观景和休闲的完美空间，配备了舒适的户外家具和绿植，是放松身心的理想场所。

扫一扫
可看方案动图

东

西

南

北

方案 63

本方案设计图见 203 页

图纸属性

层数：三层

总长：12.54m

总宽：13.14m

总建筑面积：417.00m²

风格：现代

室内设置：六室、四厅、一厨、五卫、一书房

扫一扫
可看方案动图

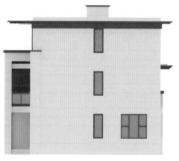

东

西

南

北

方案 64

本方案设计图见 206 页

图纸属性

层数： 三层

总长： 12.00m

总宽： 11.80m

总建筑面积： 316.78m²

风格： 现代

室内设置： 六室、二厅、一厨、
五卫、一书房、一露台

扫一扫
可看方案动图

东

西

南

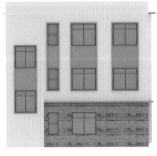

北

方案 65

本方案设计图见 209 页

图纸属性

层数： 三层

总长： 12.68m

总宽： 10.80m

总建筑面积： 387.44m²

风格： 现代

室内设置： 四室、三厅、一厨、六卫、一茶室、一露台、一杂物间、一影音室

扫一扫
可看方案动图

东

西

南

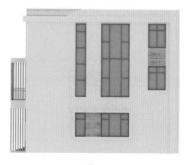

北

方案 66

本方案设计图见 212 页

图纸属性

层数：三层

总长：13.84m

总宽：12.64m

总建筑面积：388.00m²

风格：现代

室内设置：七室、三厅、一厨、五卫、一棋牌室、一露台

扫一扫
可看方案动图

东

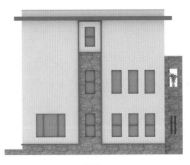

西

南

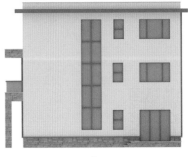

北

方案 67

本方案设计图见 215 页

图纸属性

层数：四层

总长：20.04m

总宽：10.04m

总建筑面积：676.83m²

风格：现代

室内设置：七室、四厅、二厨、七卫、一棋牌室、二露台、一影音室、一健身房、一书房、一露台

东

西

扫一扫
可看方案动图

南

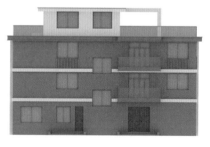

北

方案 68

本方案设计图见 219 页

图纸属性

层数：四层半

总长：9.18m

总宽：约 15.50m

总建筑面积：481.17m²

风格：现代

室内设置：三室、四厅、一厨、五卫、一储藏间、二露台、一书房、一车库、二办公室、一聚会厅

扫一扫
可看方案动图

东

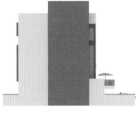

西

南

北

庭院介绍

庭院面积：28.04m²

庭院的地下车库将停车区与庭院休闲区分隔开来，既保障了隐私，又增加了安全性。庭院四周种满了绿植和花卉，不仅装饰了环境，还带来了清新的空气，让人仿佛置身于城市中的绿洲。庭院地面选用的是精心挑选的石材，铺设得整洁而有品位，与建筑的现代风格相映成趣。整个庭院的设计简洁大方，功能布局合理，既满足了居住者对美的追求，又考虑到了实用性和舒适度，是现代家居的理想之选。

方案 69

本方案设计图见 223 页

图纸属性

层数：三层

总长：19.54m

总宽：12.24m

总建筑面积：397.70m²

风格：现代

室内设置：七室、三厅、一厨、五卫、一储藏间、一露台、一茶室、一静室

扫一扫
可看方案动图

东

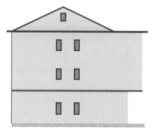

西

南

北

方案 70

本方案设计图见 226 页

图纸属性

层数：三层

总长：11.24m

总宽：10.24m

总建筑面积：300.14m²

风格：现代

室内设置：六室、两厅、一厨、五卫、一储藏间、一露台、一茶室、一棋牌室

扫一扫
可看方案动图

东

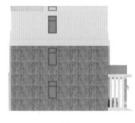

西

南

北

庭院介绍

庭院面积：275.49m²

庭院四周由围墙环绕，打造了一个私密的户外空间。地面铺设了整齐的石砖，既显得美观又便于日常的清洁与保养。院子里种满了多种树木和花卉，为房屋增添了一片生机盎然的景致。在别墅一侧设有一个休闲区，是住户品茶小聚的理想之地；而庭院的另一侧则规划了停车位，为住户提供了便捷的停车场所。庭院中还摆放了一些精美的灯具，使得整个庭院的品位得到了进一步的提升。

方案 71

本方案设计图见 229 页

图纸属性

层数： 四层

总长： 15.08m

总宽： 14.08m

总建筑面积： 594.30m²

风格： 现代

室内设置： 十室、三厅、一厨、八卫、一露台、一茶室、一书房

扫一扫
可看方案动图

东

南

西

北

方案 72

本方案设计图见 232 页

图纸属性

层数：三层

总长：24.69m

总宽：29.74m

总建筑面积：944.70m²

风格：现代

室内设置：十六室、十六卫、一设备间、三露台、一活动室、二茶室

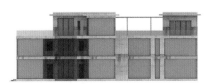

东

西

南

北

庭院介绍

庭院面积：191.70m²

利用别墅的多层结构，在庭院内设置多个层次的休闲空间，如地面层的多块庭院区及屋顶的露台区。每个区域都可以根据居住者的需求进行不同的布置和装饰，以满足不同的休闲需求。庭院的设计充分考虑到了与别墅建筑的融合性，通过材质、色彩和风格的统一，营造出一种和谐共生的氛围。同时，别墅的阳台和露台也可以作为庭院空间的延伸，增加使用的灵活性和多样性。

扫一扫
可看方案动图

方案 73

本方案设计图见 235 页

图纸属性

层数：三层

总长：11.64m

总宽：15.34m

总建筑面积：379.16m²

风格：现代

室内设置：七室、四厅、一厨、三卫、一书房、一茶室、一露台、一储藏间

扫一扫
可看方案动图

东

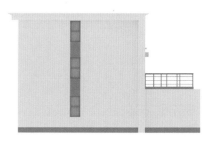

西

南

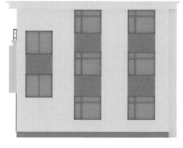

北

方案 74

本方案设计图见 238 页

图纸属性

层数：四层

总长：10.50m

总宽：11.40m

总建筑面积：413.00m²

风格：现代

室内设置：九室、四厅、三厨、五卫、一茶室、一露台

扫一扫
可看方案动图

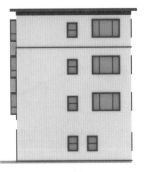

东

西

南

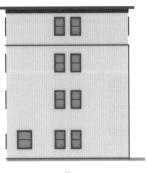

北

方案 75

本方案设计图见 242 页

图纸属性

层数： 三层

总长： 17.84m

总宽： 12.55m

总建筑面积： 412.60m²

风格： 新中式

室内设置： 六室、四厅、一厨、五卫、一书房、一阅览室、二工作室

扫一扫
可看方案动图

东

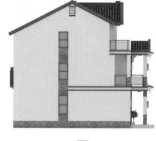

西

南

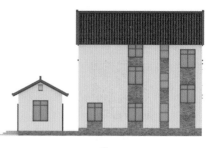

北

方案 76

本方案设计图见 245 页

图纸属性

层数： 三层

总长： 约 7.26m

总宽： 约 13.42m

总建筑面积： 253.59m²

风格： 新中式

室内设置： 五室、四厅、一厨、四卫、一茶室、一露台

扫一扫
可看方案动图

庭院介绍

庭院面积： 98.23m²

庭院采用开放式布局，内设休闲区，舒适的桌椅以简约而不失雅致的姿态散落其间，为居住者提供了一个理想的放松和聚会场所。庭院周围种植适量的绿化植物，如竹子等绿植，增添了自然气息，美化了环境的同时提供了清新的空气与阴凉的空间。

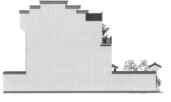

东

西

南　　　　北

方案 77

本方案设计图见 248 页

图纸属性

层数： 三层

总长： 11.24m

总宽： 18.16m

总建筑面积： 446.20m²

风格： 新中式

室内设置： 六室、四厅、一厨、三卫、一书房、二露台

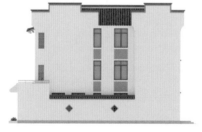

东

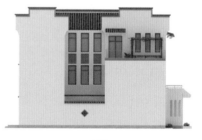

西

扫一扫
可看方案动图

南

北

方案 78

本方案设计图见 251 页

图纸属性

层数：三层

总长：11.50m

总宽：12.80m

总建筑面积：366.00m²

风格：新中式

室内设置：七室、三厅、一厨、三卫、一书房、二茶室、一洗衣房

扫一扫
可看方案动图

东　　　　　　　西

南　　　　　　　北

庭院介绍

庭院面积：291.33m²

庭院设计为开放式，与别墅室内空间自然衔接，大面积玻璃门窗让自然光线与庭院美景无缝融入室内，营造一种室内外和谐共生的氛围。庭院内特别设置了休闲空间，这里成了家人朋友放松身心、享受宁静时光的绝佳场所。四周环绕的绿化植物，包括草坪、灌木、花卉以及挺拔的树木。这些植物不仅美化了环境，还提供了清新的空气和阴凉的空间。

方案 79

本方案设计图见 254 页

图纸属性

扫一扫
可看方案动图

层数：三层

总长：约 16.30m

总宽：约 18.10m

总建筑面积：308.43m²

风格：新中式

室内设置：五室、两厅、一厨、三卫、一书房、二露台、一茶室

东

西

南

北

庭院介绍

庭院面积：85.32m²

庭院设计融合了中国传统园林的精髓，将自然美与建筑美巧妙地结合在一起，营造出宁静又富有生机的空间。庭院以建筑为中心，通过树木、灌木与石板地面，营造自然和谐的氛围，既美化了环境，又增强了生态功能。石板路面整洁古朴，与整体风格完美融合，尽显中国文化韵味。

下篇
设计图

一层

方案1

本方案效果图见 002 页

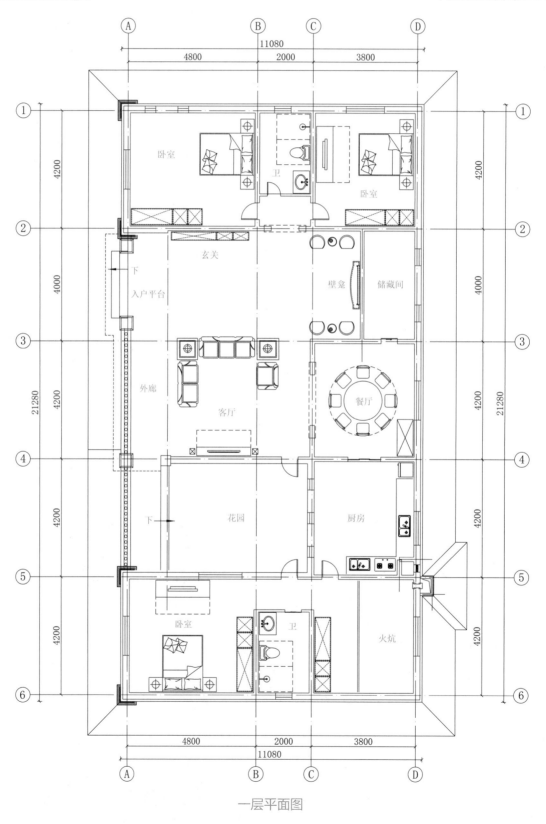

一层平面图

方案 2

本方案效果图见 003 页

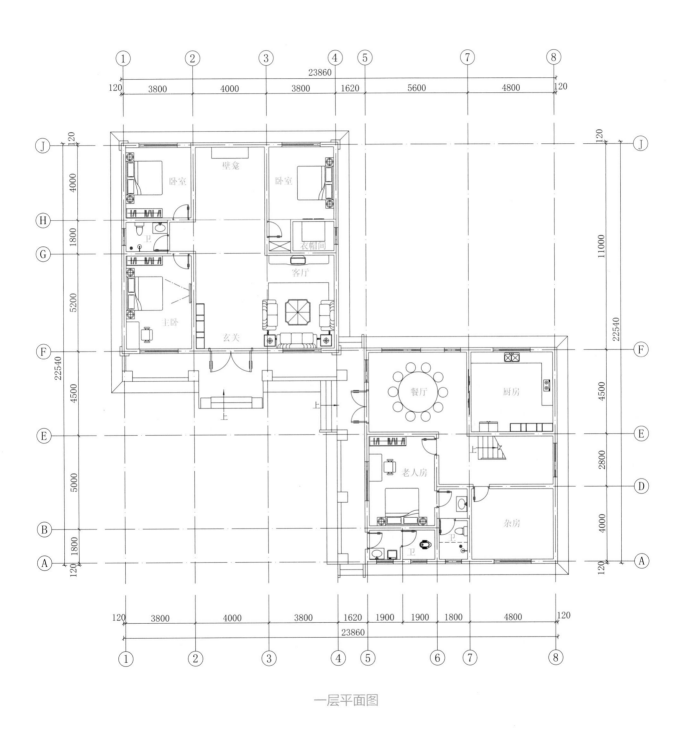

一层平面图

方案3

本方案效果图见 004 页

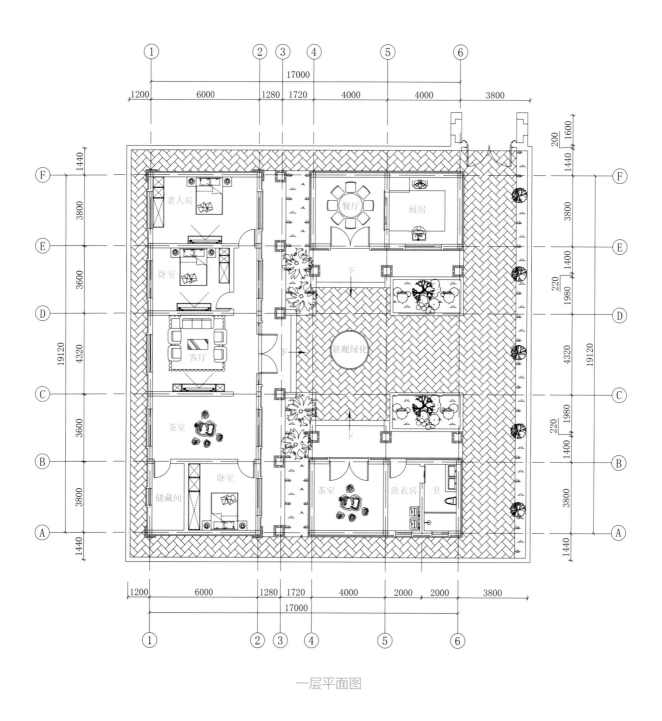

一层平面图

方案4

本方案效果图见 005 页

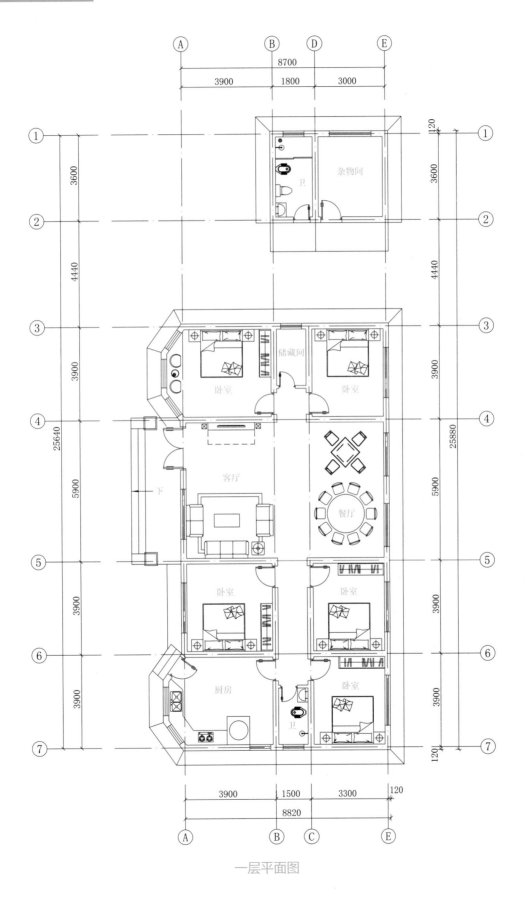

一层平面图

方案5

本方案效果图见 006 页

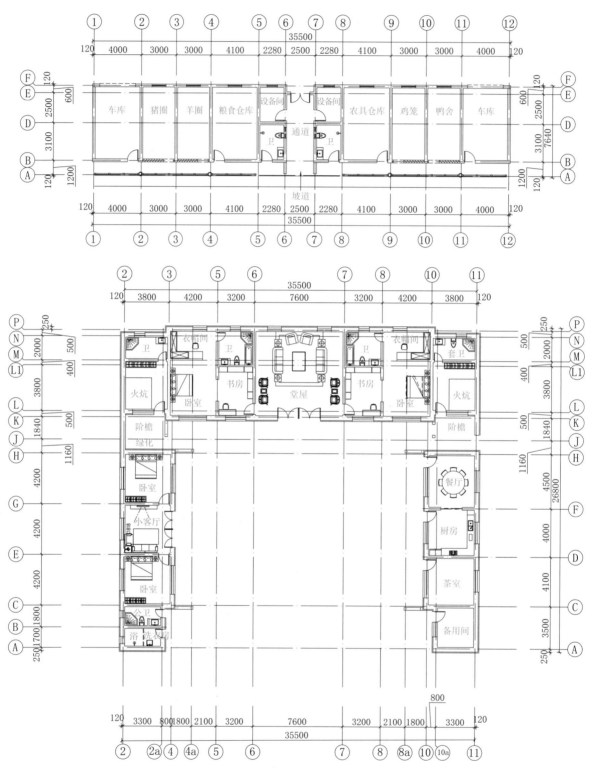

一层平面图

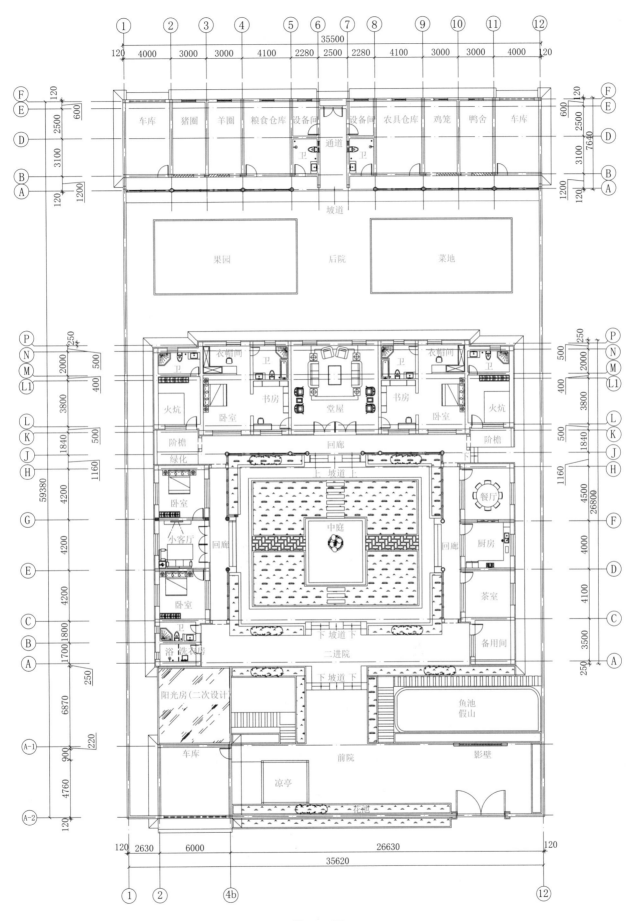

总平面图

方案6

本方案效果图见 007 页

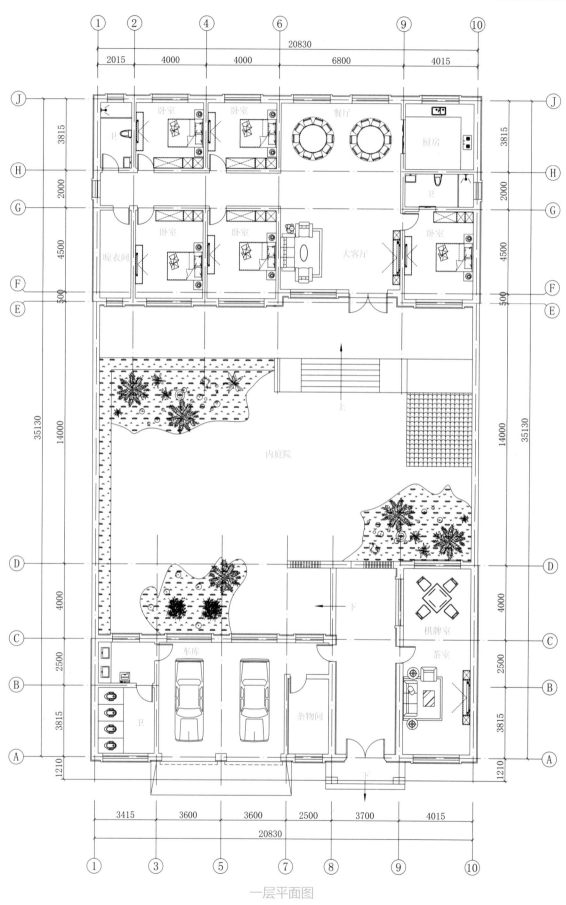

一层平面图

方案 7

本方案效果图见 008 页

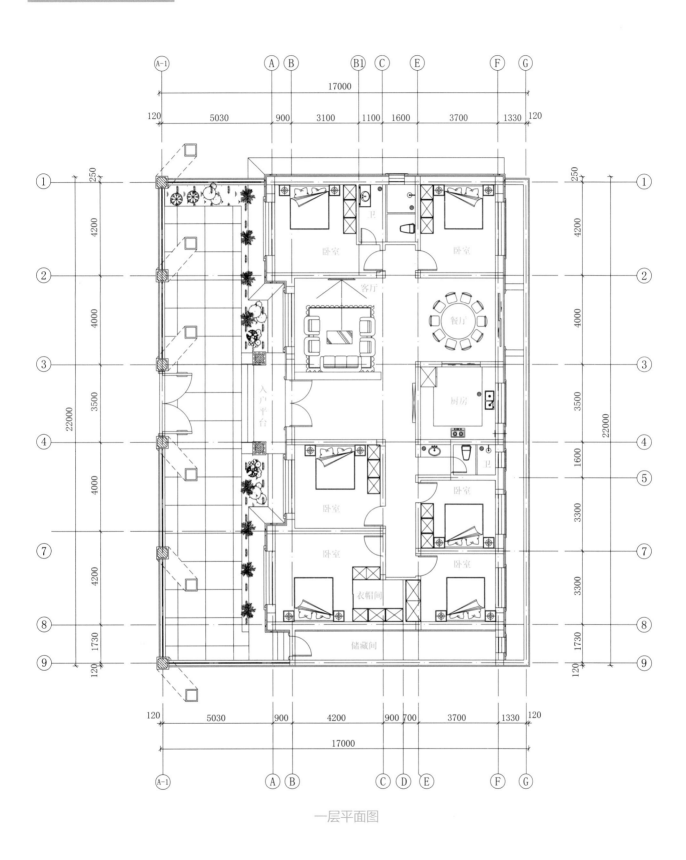

一层平面图

方案 8

本方案效果图见 009 页

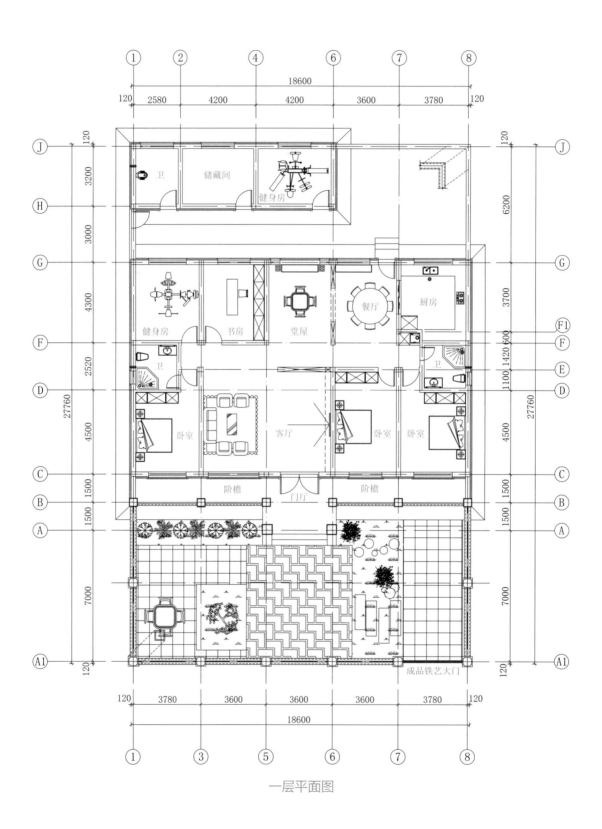

一层平面图

方案 9

本方案效果图见 010 页

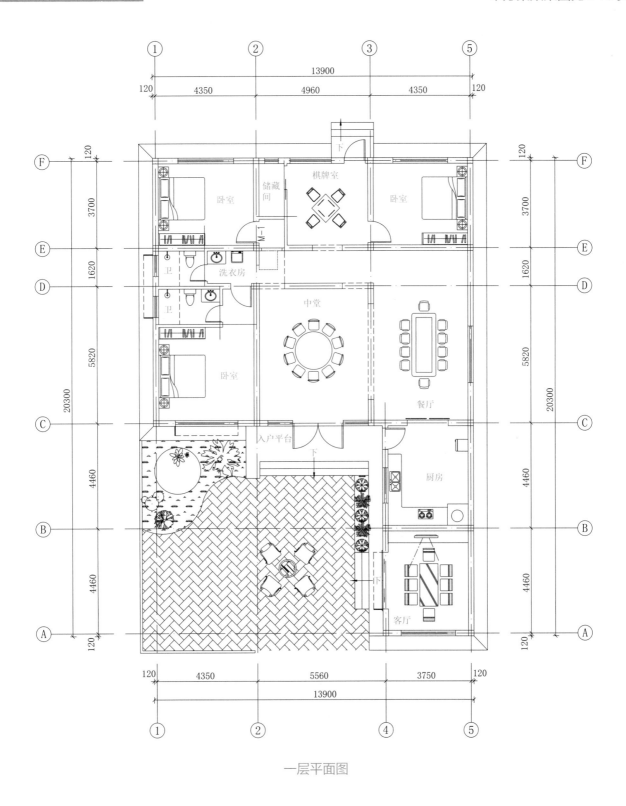

一层平面图

方案 10

本方案效果图见 011 页

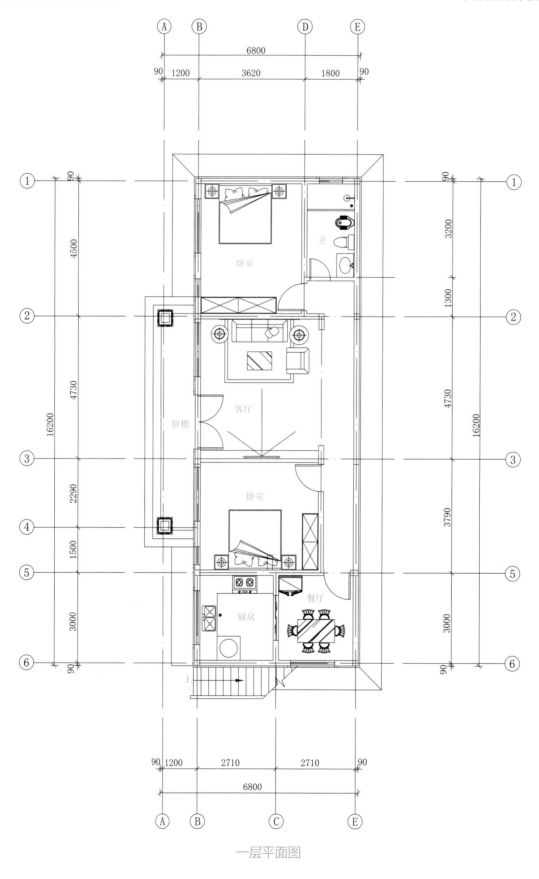

一层平面图

方案 11

本方案效果图见 012 页

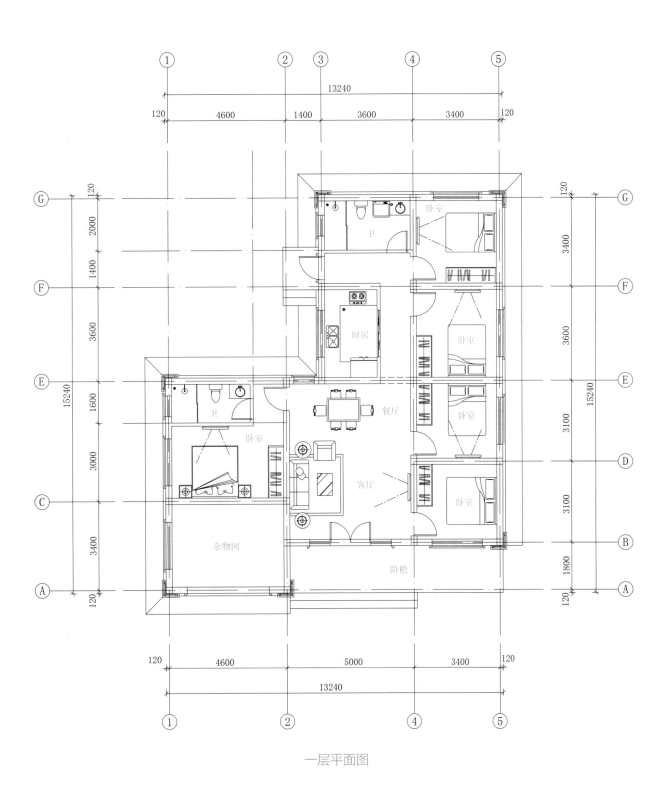

一层平面图

方案 12

本方案效果图见 013 页

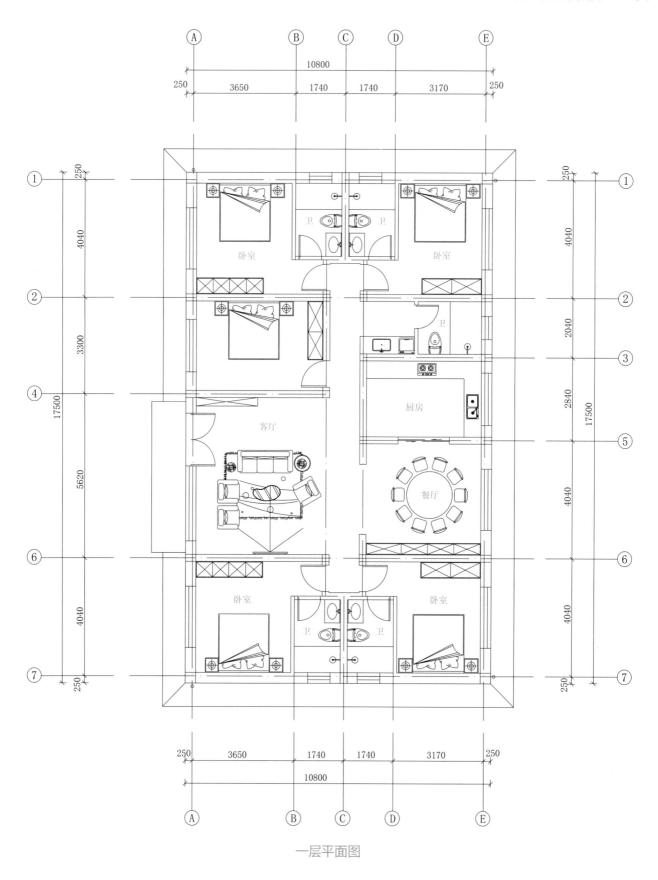

一层平面图

方案 13

本方案效果图见 014 页

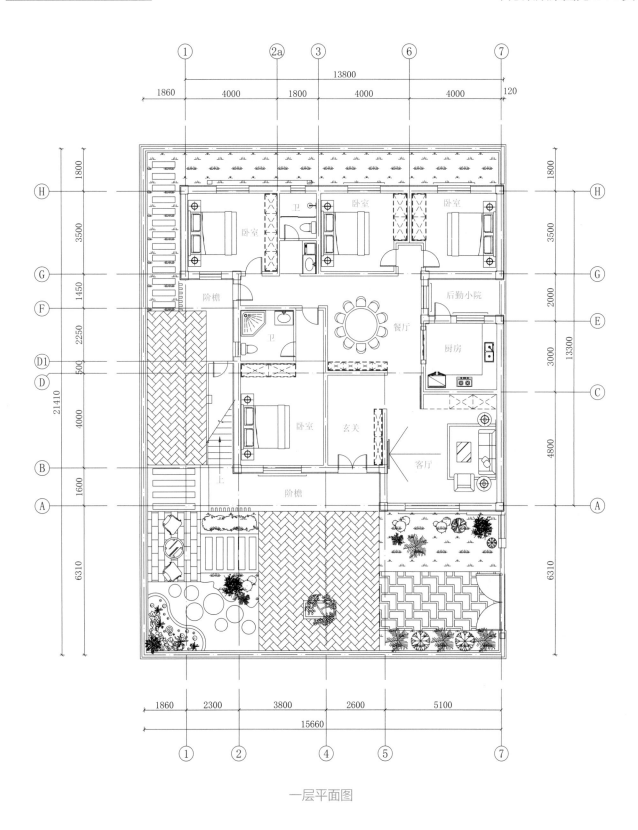

一层平面图

方案 14

本方案效果图见 015 页

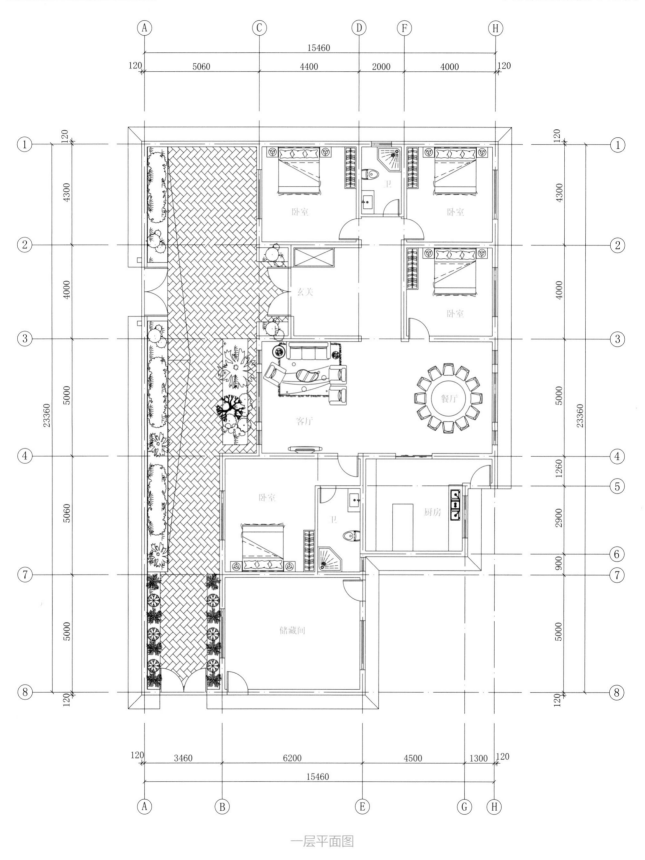

一层平面图

方案 15

本方案效果图见 016 页

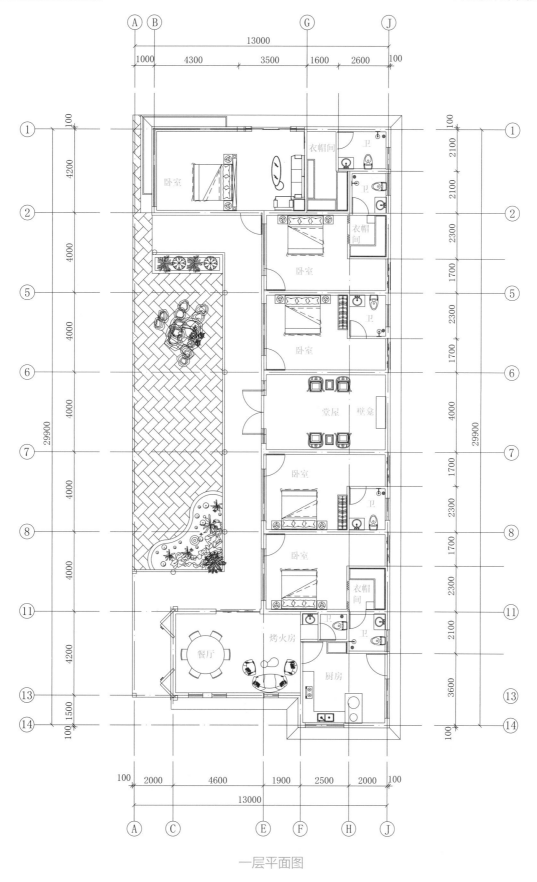

一层平面图

方案 16

本方案效果图见 017 页

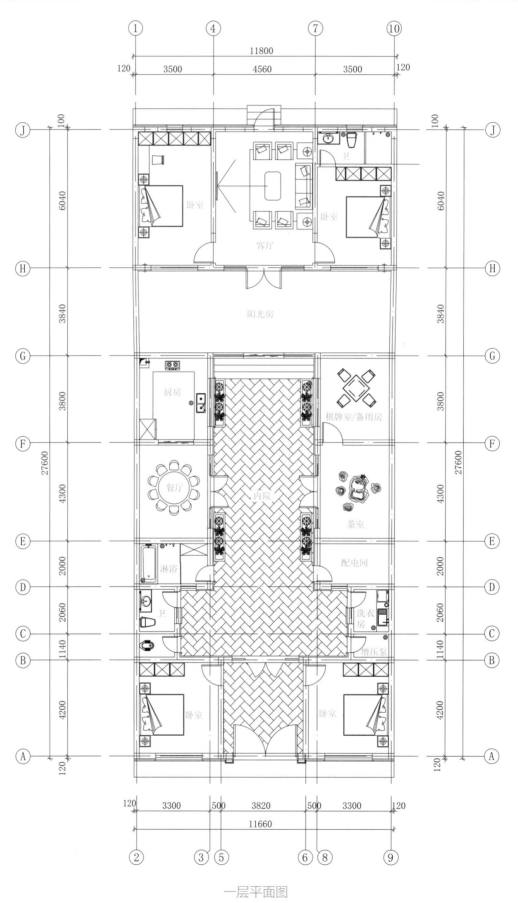

一层平面图

方案 17

本方案效果图见 018 页

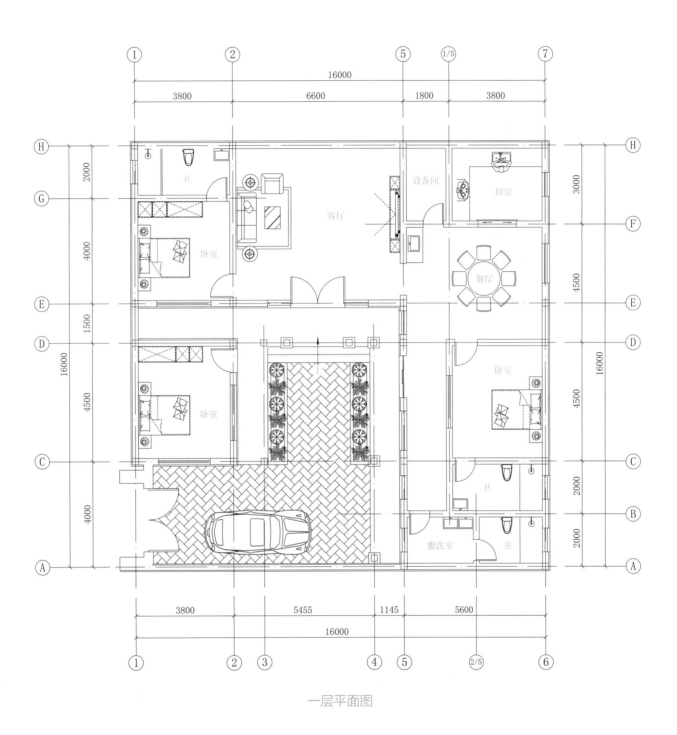

一层平面图

方案 18

本方案效果图见 019 页

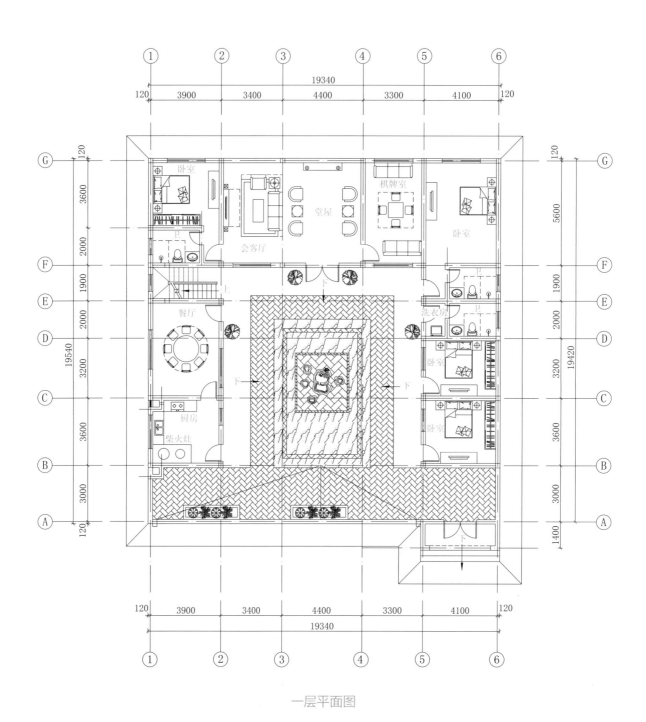

一层平面图

方案 19

本方案效果图见 020 页

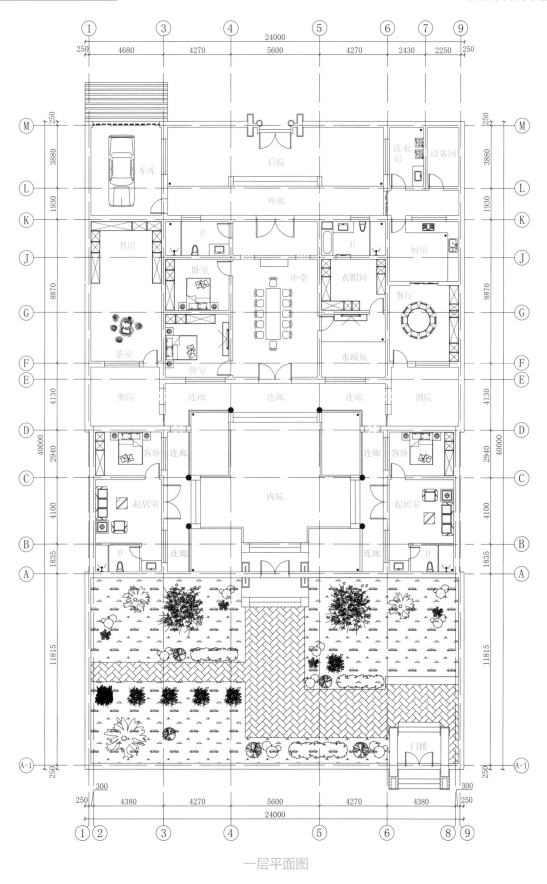

一层平面图

方案20

本方案效果图见 021 页

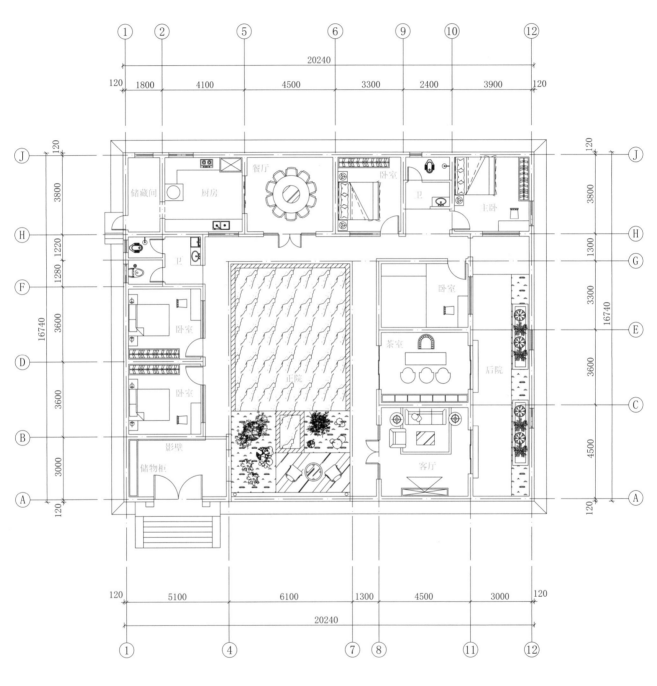

一层平面图

方案 21

本方案效果图见 022 页

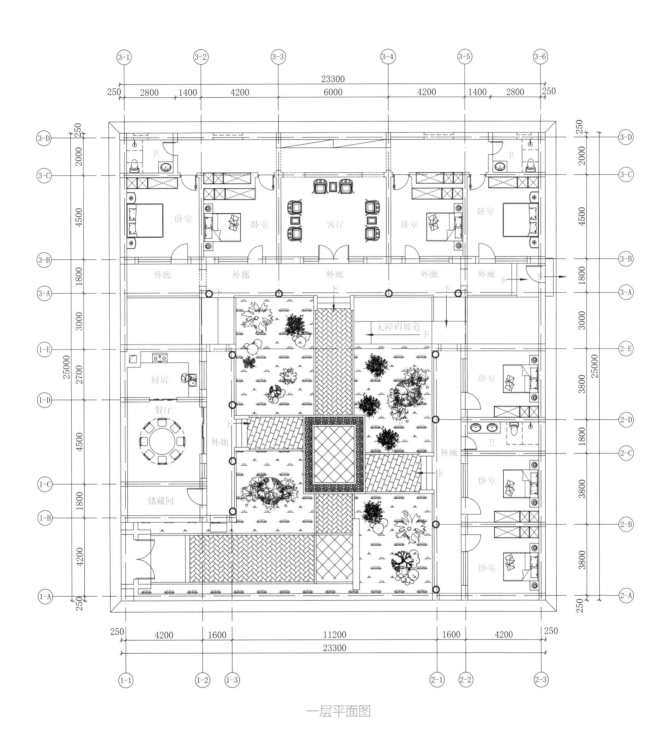

一层平面图

方案 22

本方案效果图见 023 页

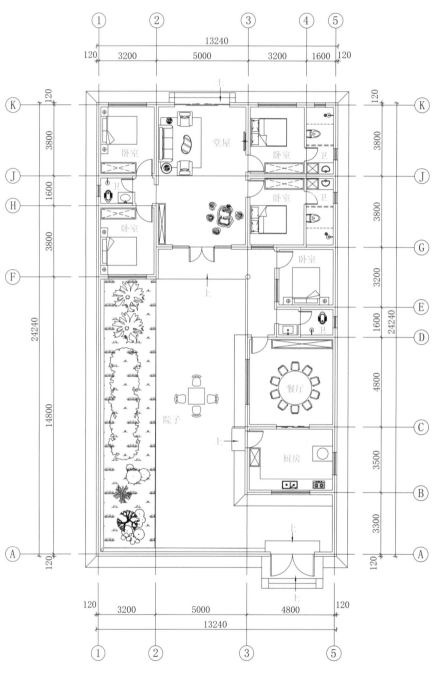

一层平面图

二层

方案 23

本方案效果图见 024 页

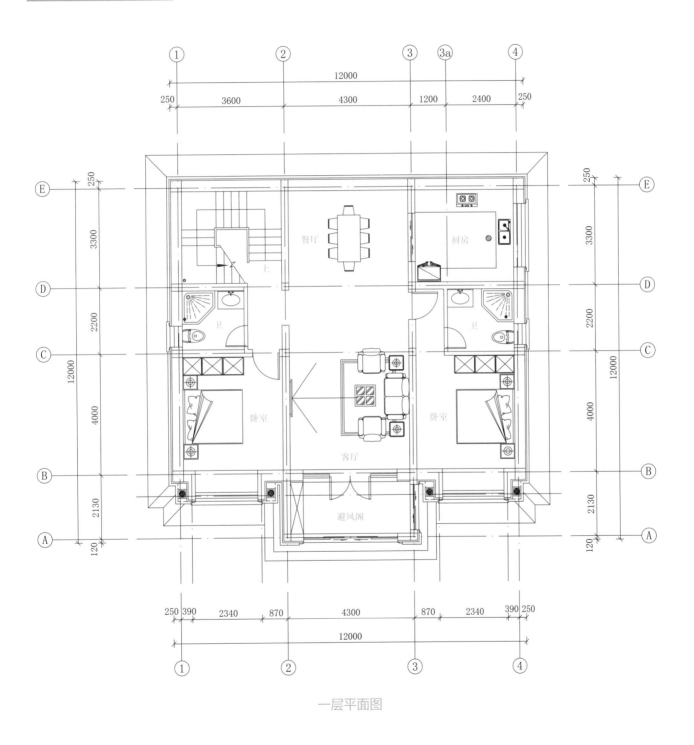

一层平面图

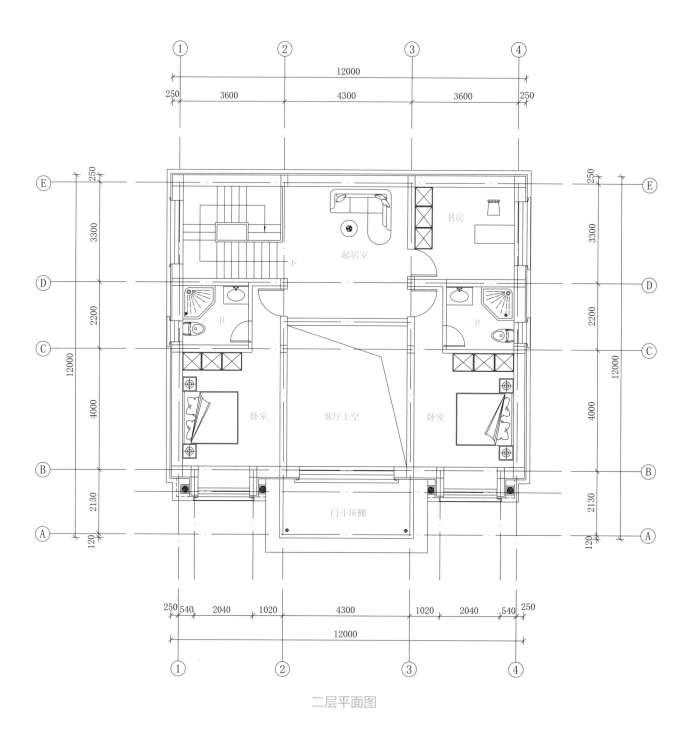

二层平面图

方案 24

本方案效果图见 025 页

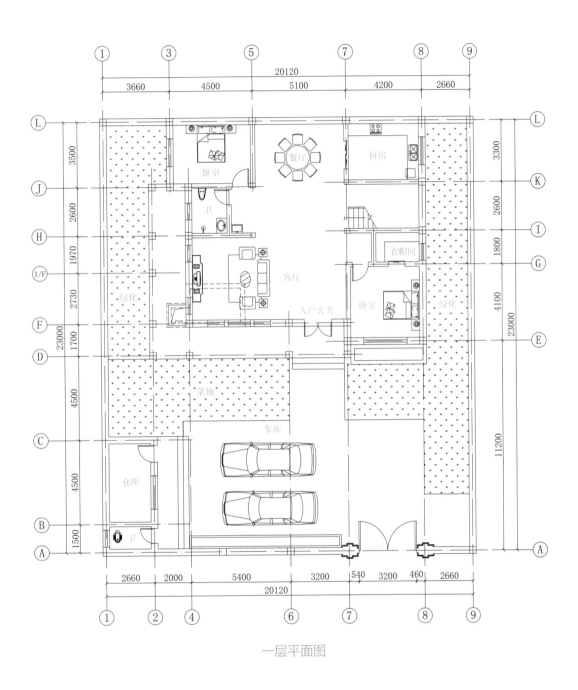

一层平面图

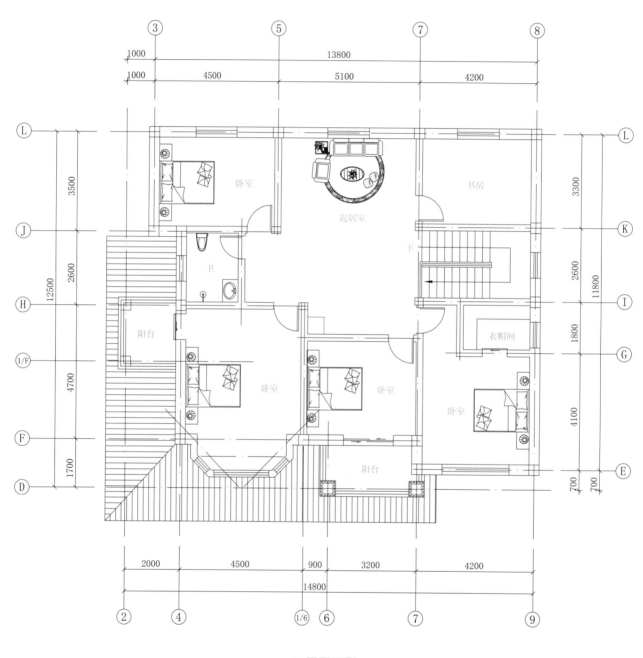

二层平面图

方案 25

本方案效果图见 026 页

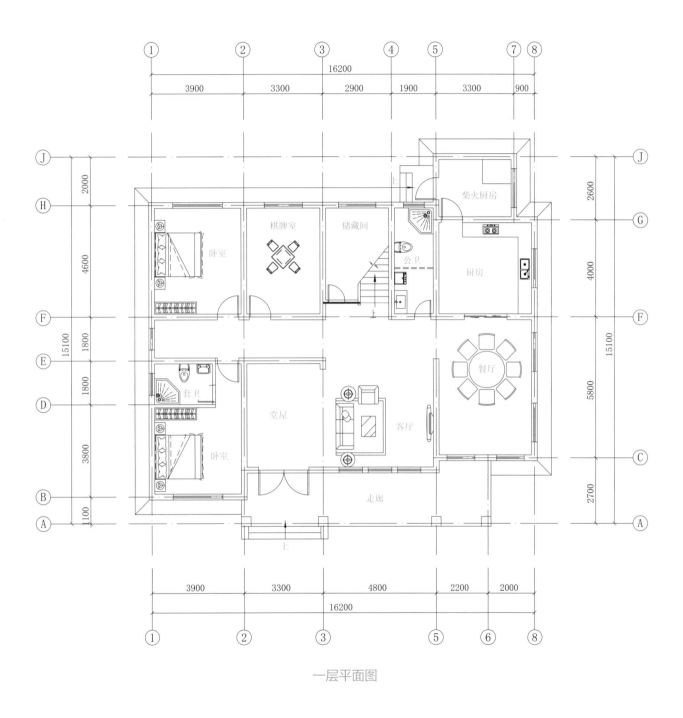

一层平面图

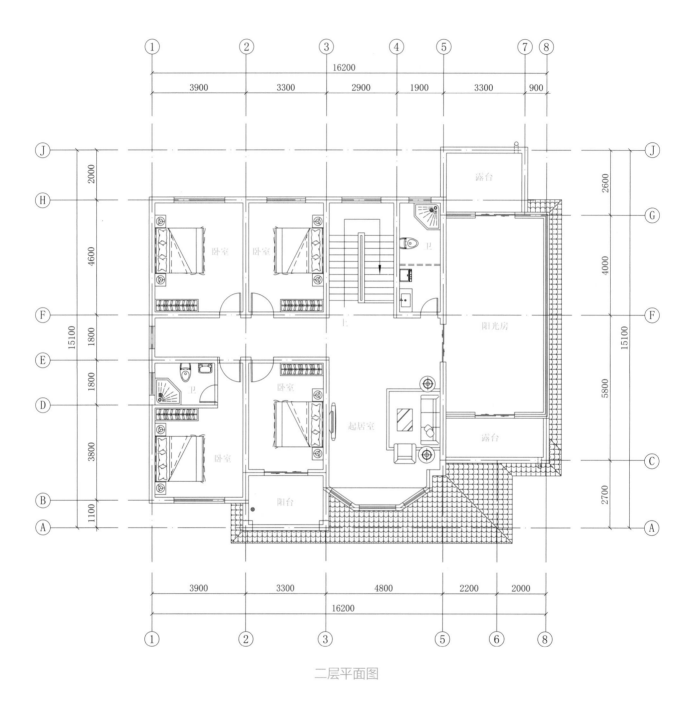

二层平面图

方案 26

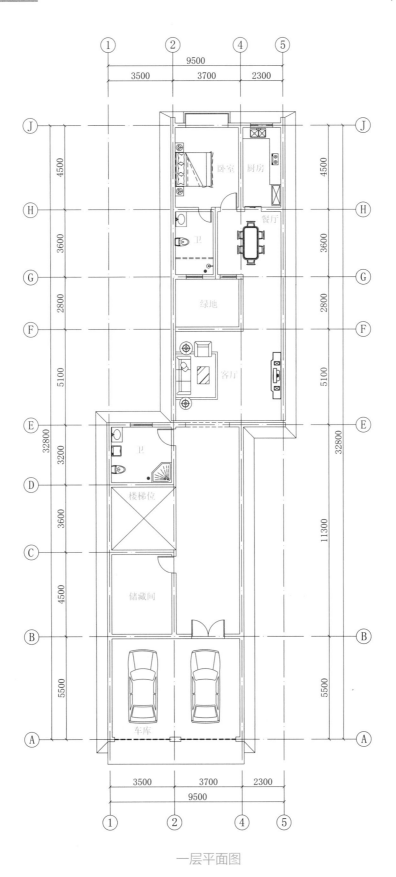

一层平面图

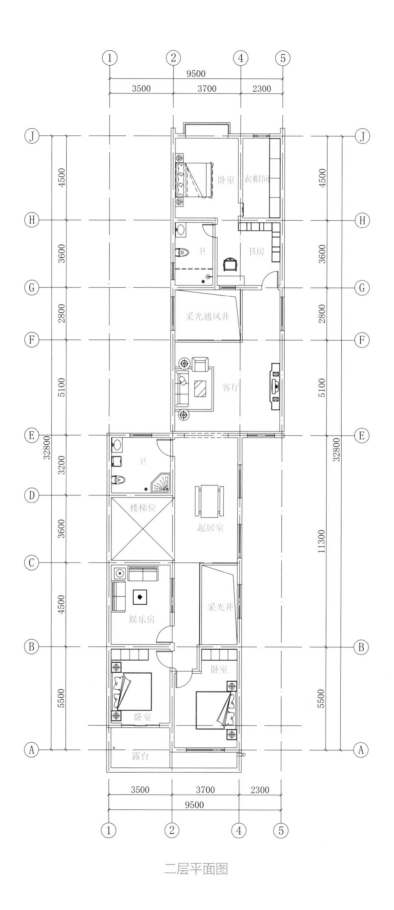

二层平面图

方案 27

本方案效果图见 028 页

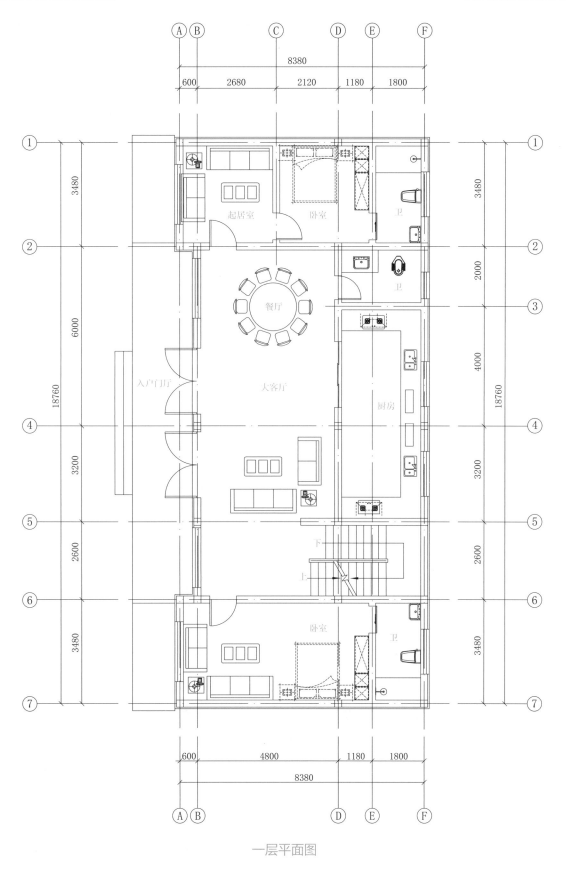

一层平面图

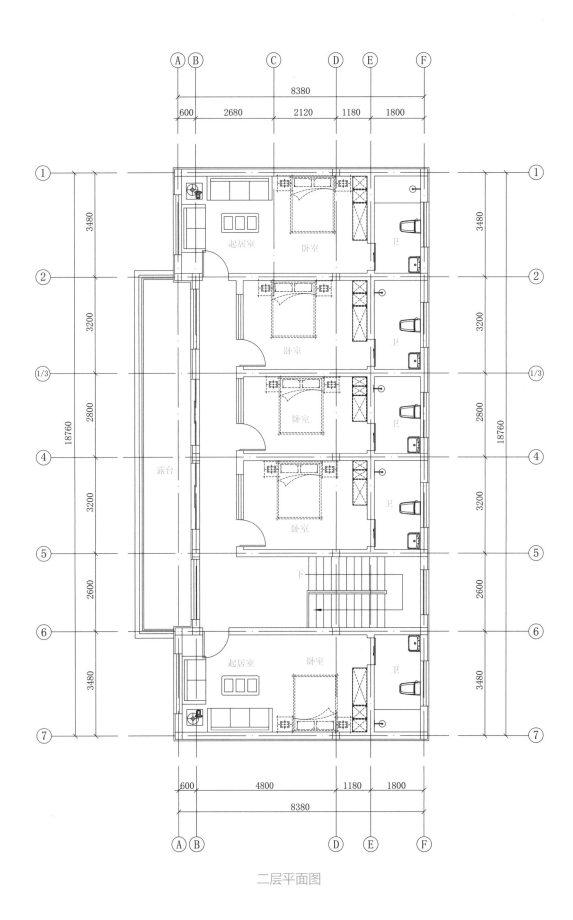

二层平面图

方案 28

本方案效果图见 029 页

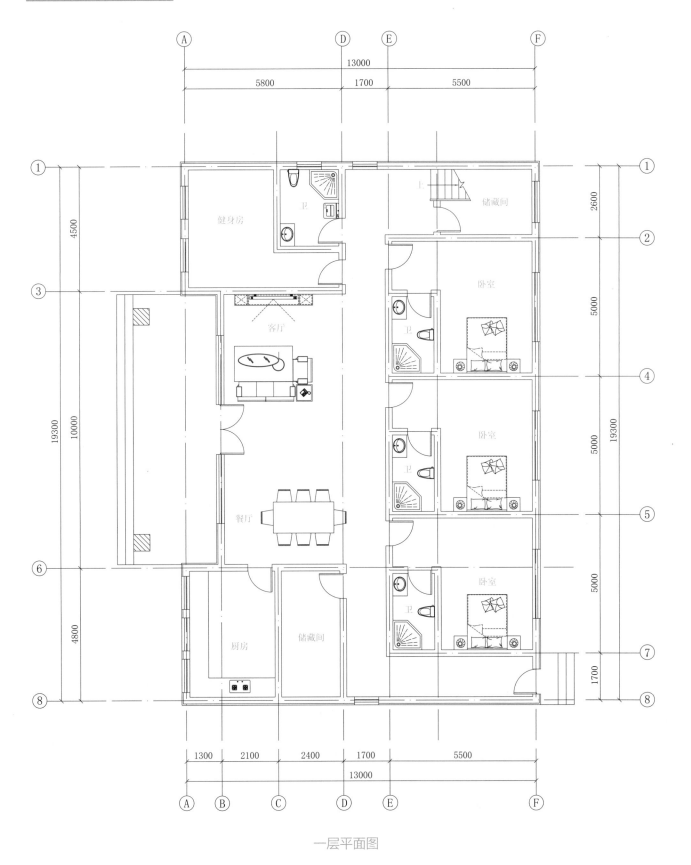

一层平面图

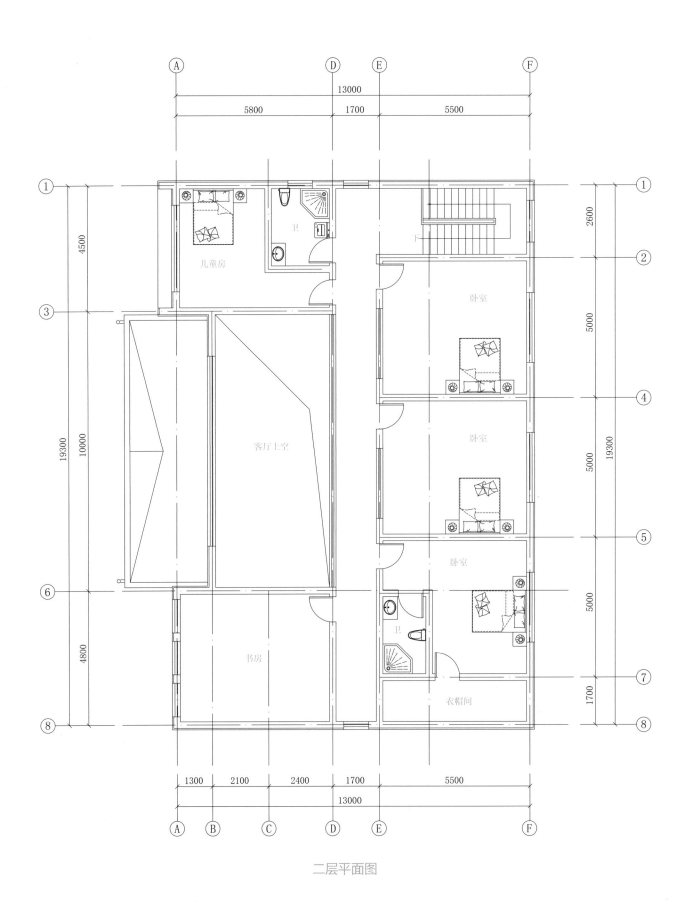

二层平面图

方案 29

本方案效果图见 030 页

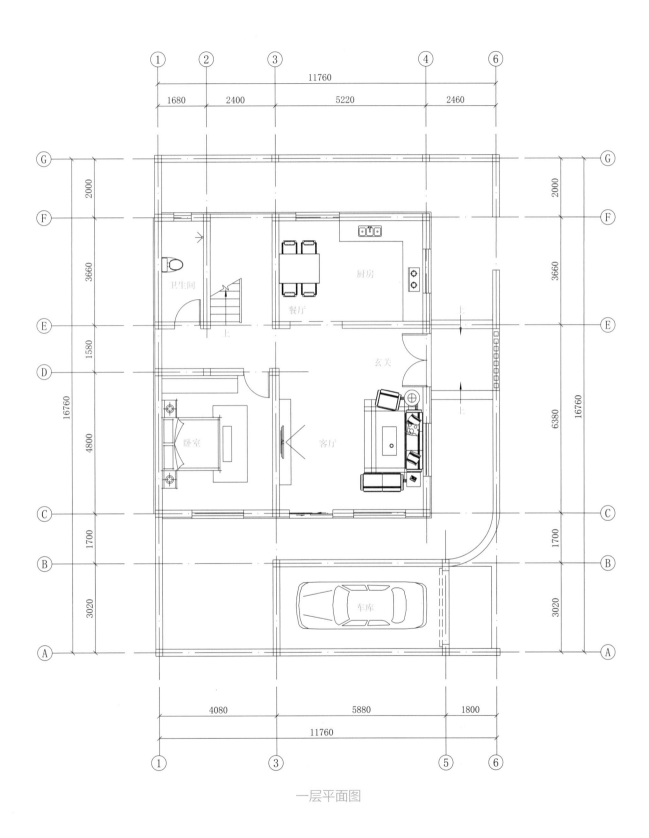

一层平面图

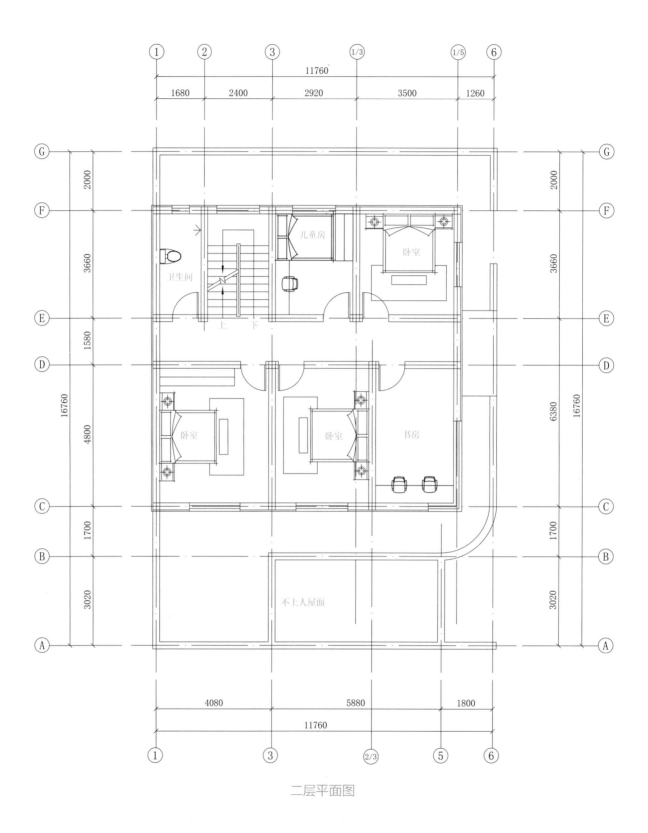

二层平面图

方案 30

本方案效果图见 031 页

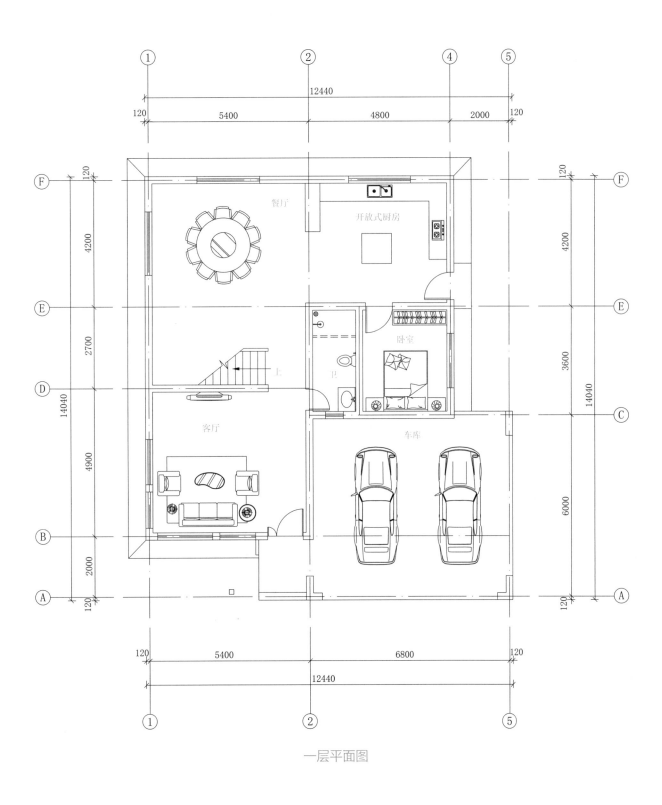

一层平面图

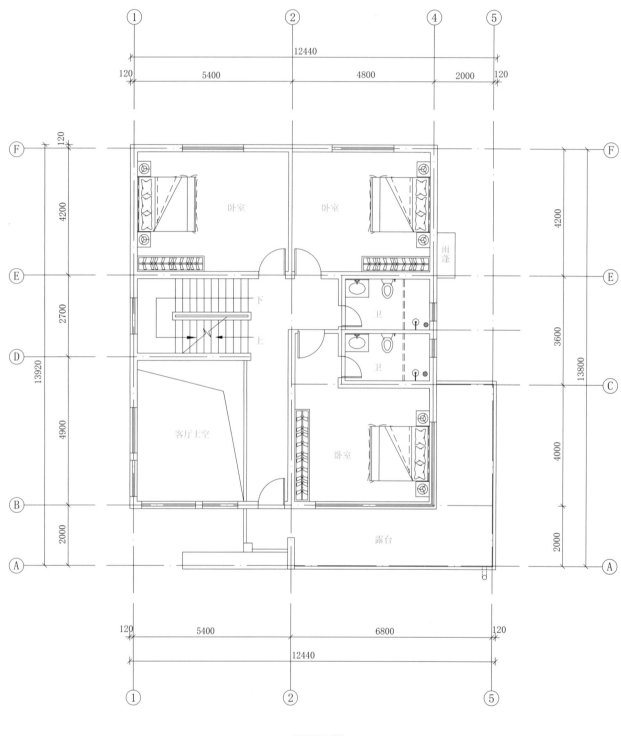

二层平面图

方案 31

本方案效果图见 032 页

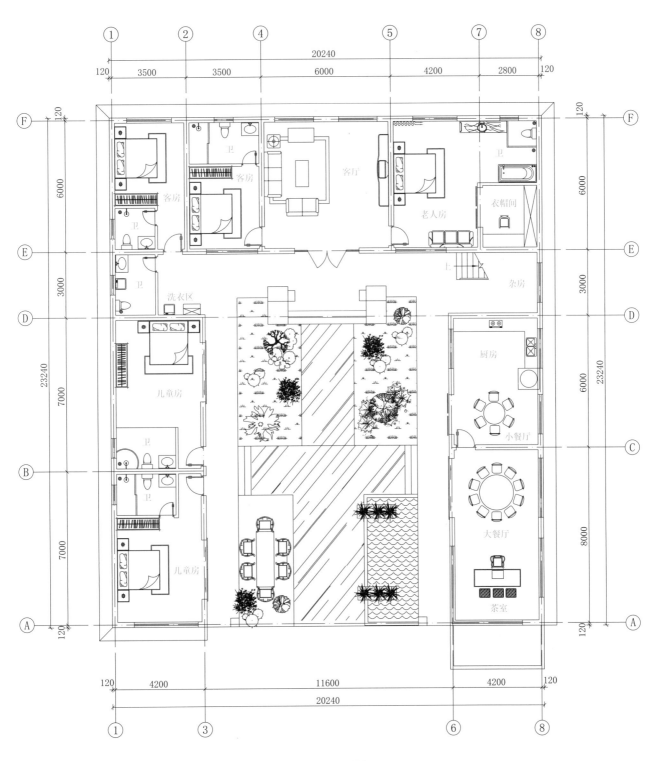

一层平面图

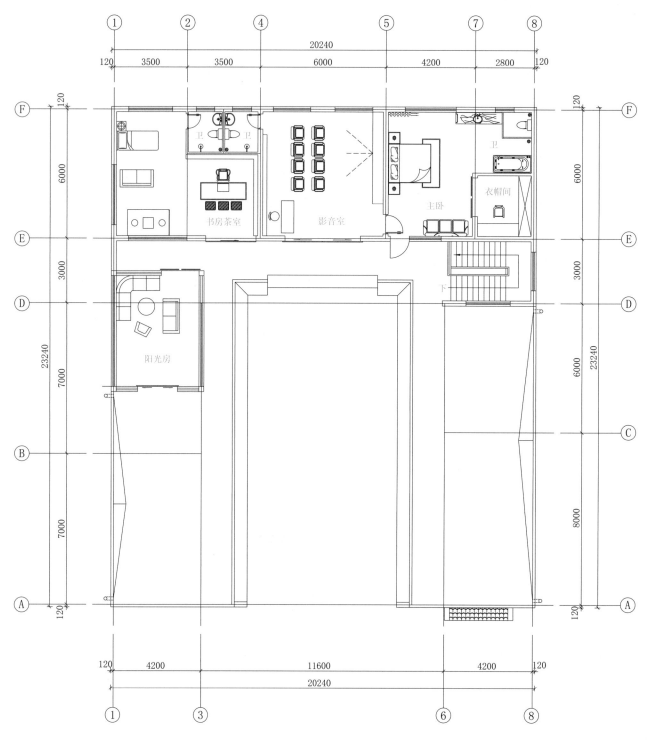

二层平面图

方案 32

本方案效果图见 033 页

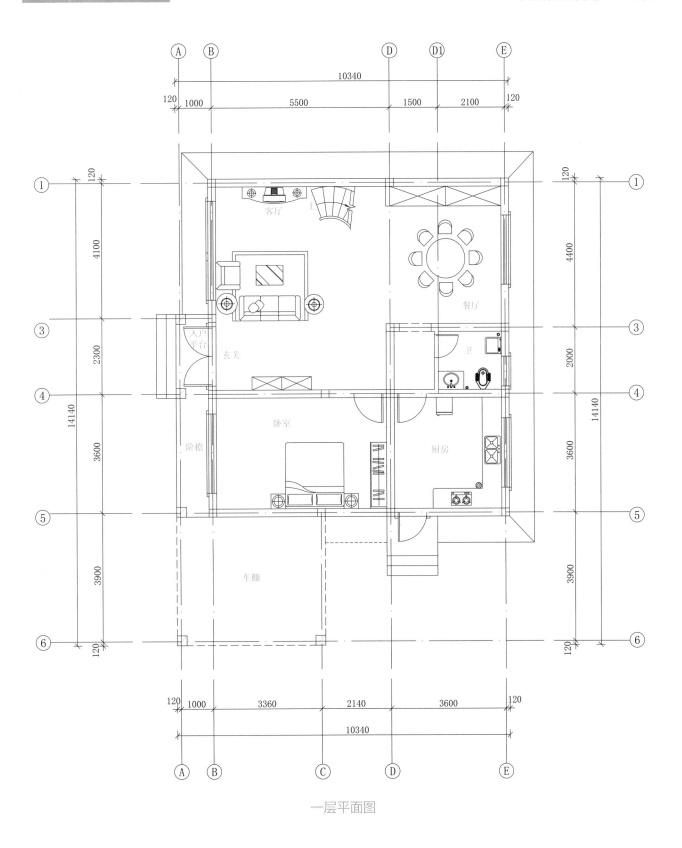

一层平面图

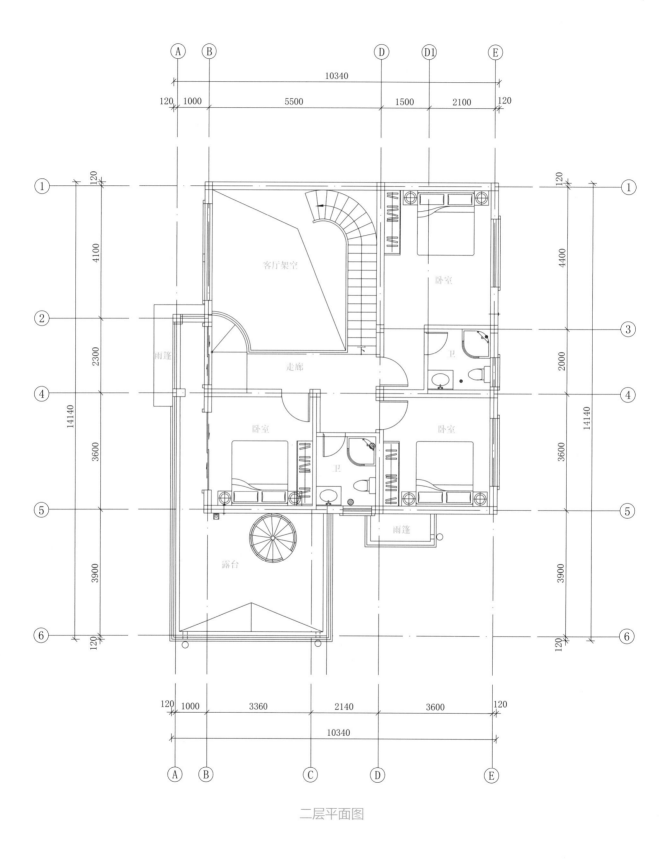

二层平面图

方案 33

本方案效果图见 034 页

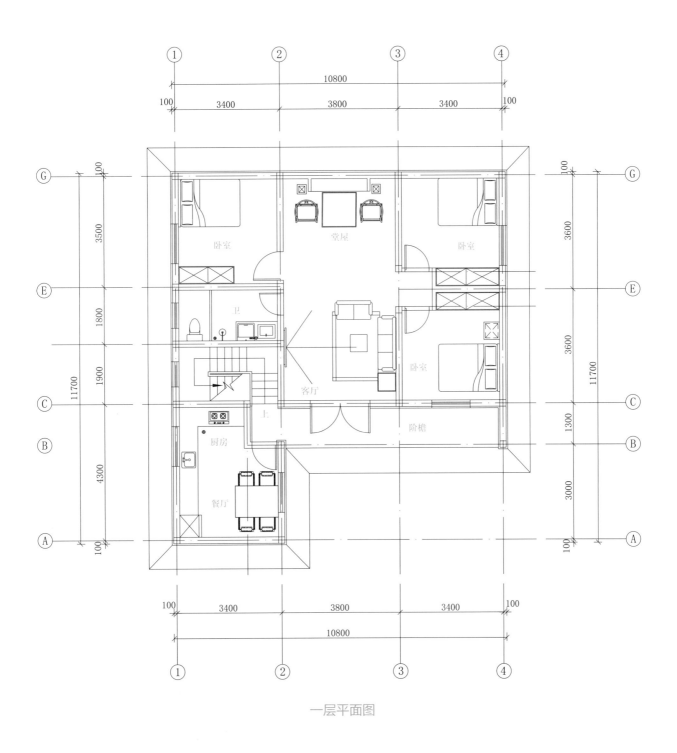

一层平面图

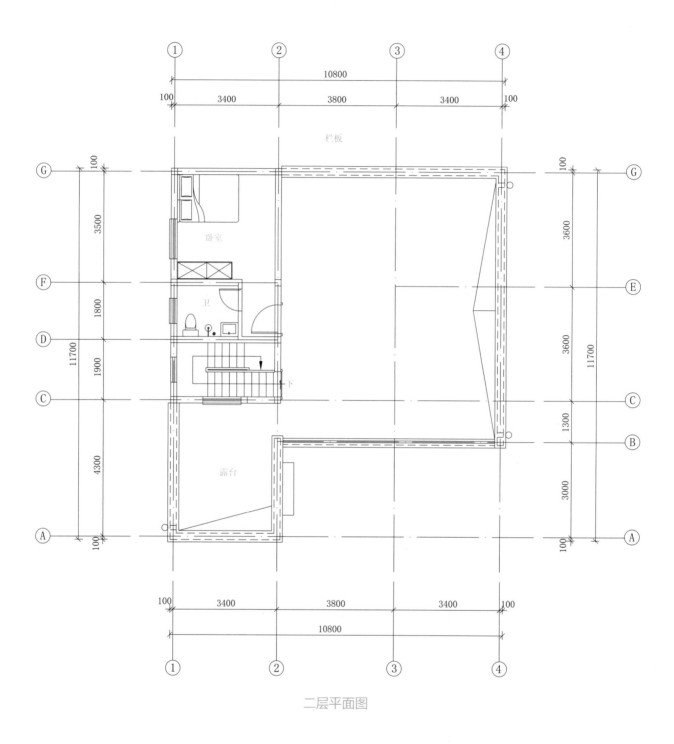

二层平面图

方案 34

本方案效果图见 035 页

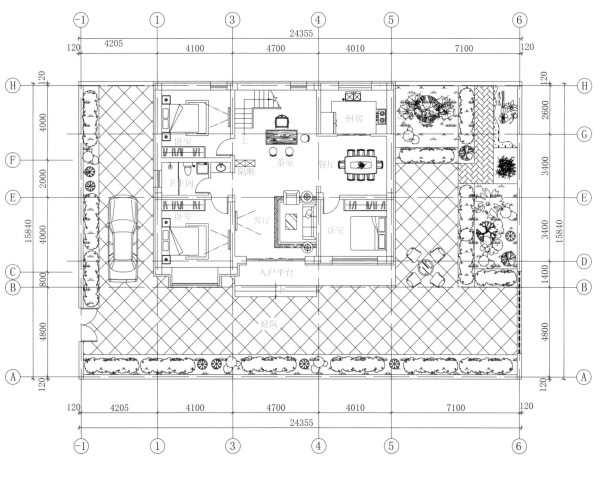

一层平面图

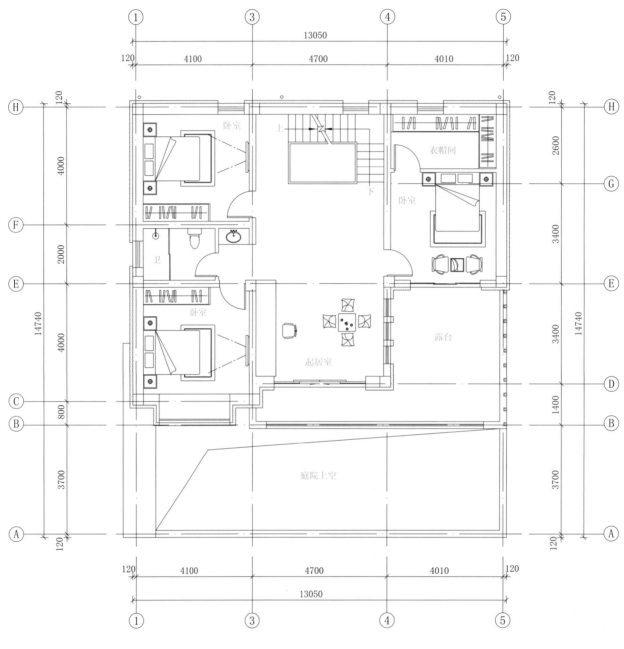

二层平面图

方案 35

本方案效果图见 036 页

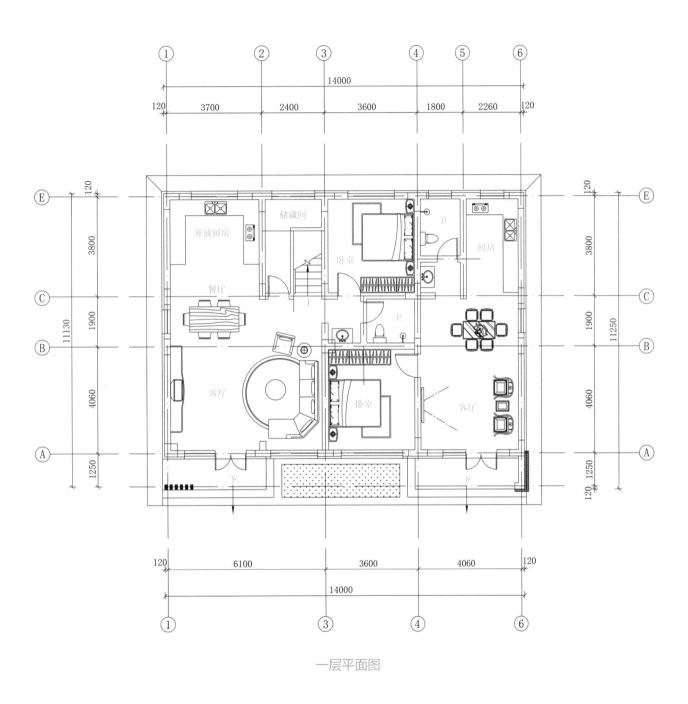

一层平面图

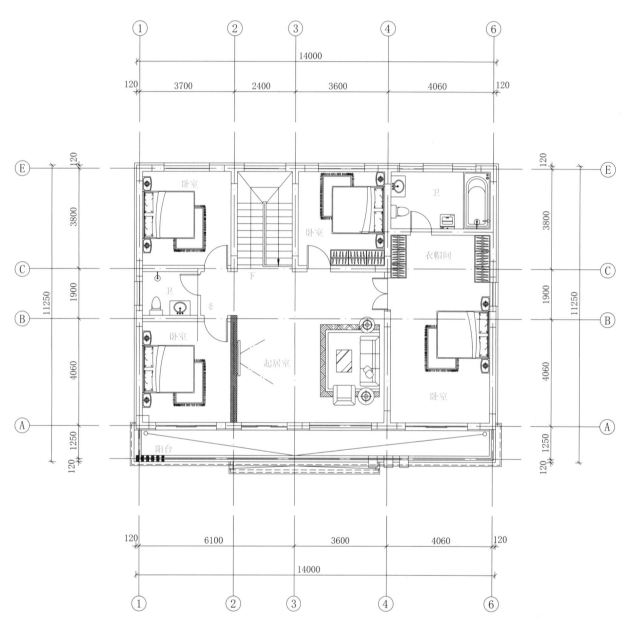

二层平面图

方案 36

本方案效果图见 037 页

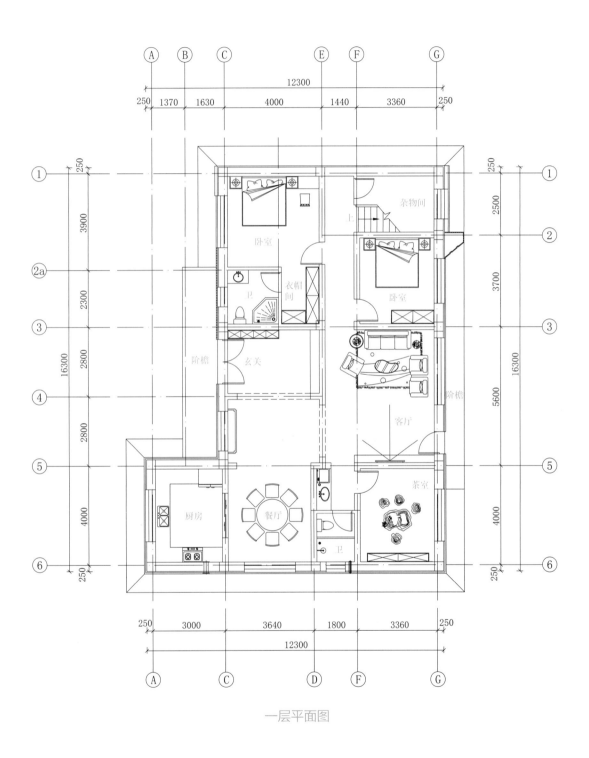

一层平面图

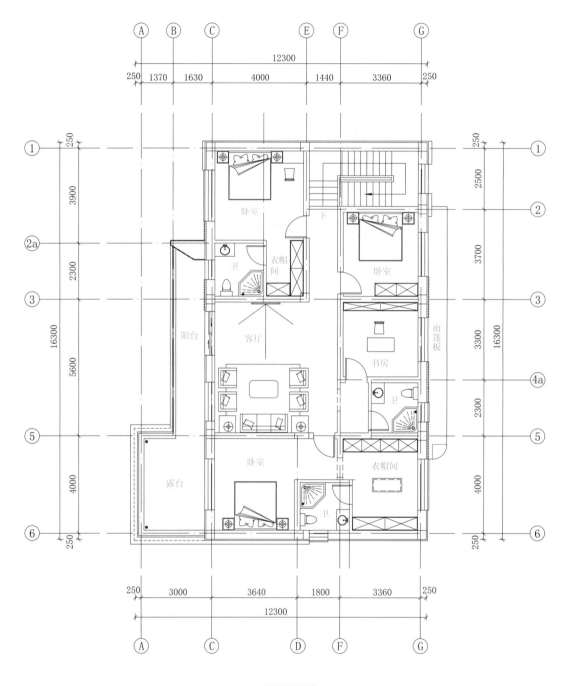

二层平面图

方案 37

本方案效果图见 038 页

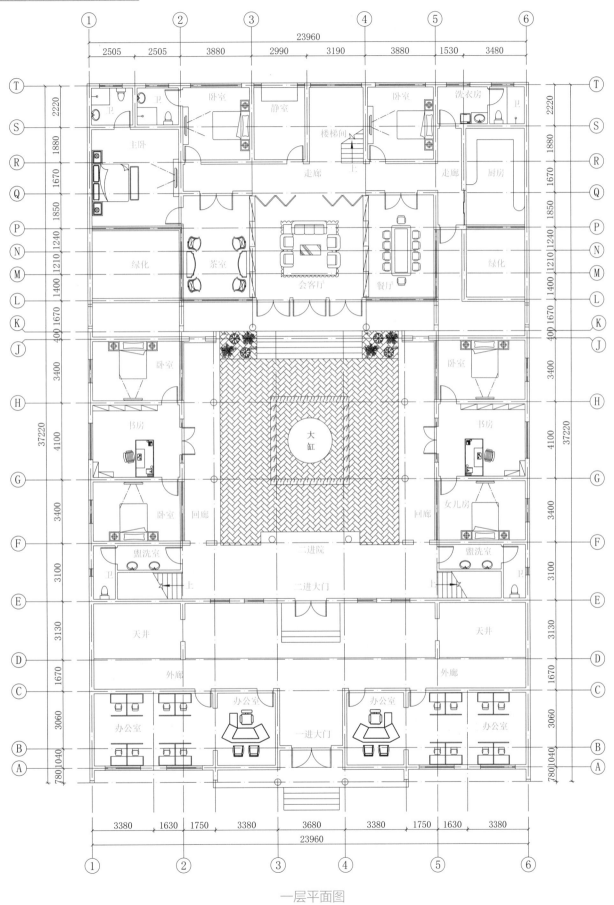

一层平面图

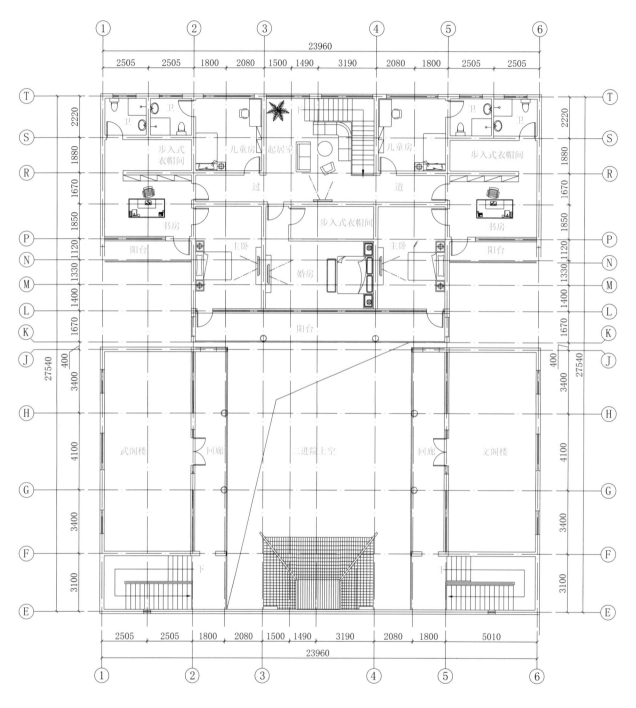

二层平面图

方案 38

本方案效果图见 039 页

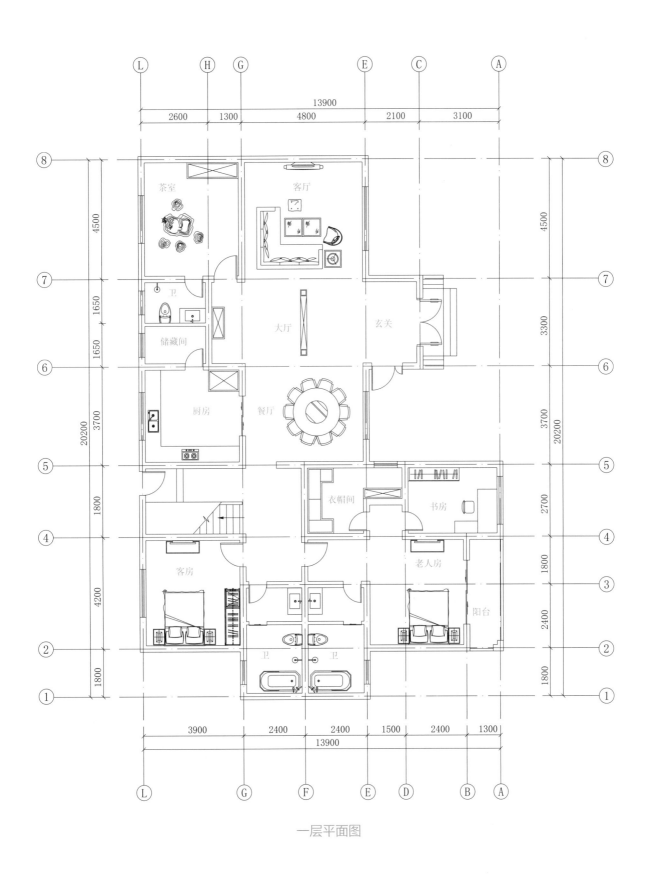

一层平面图

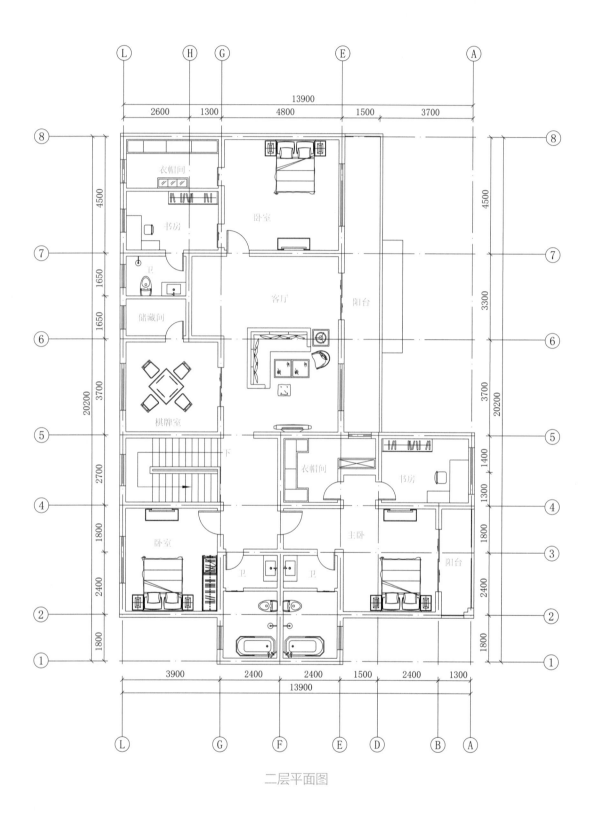

二层平面图

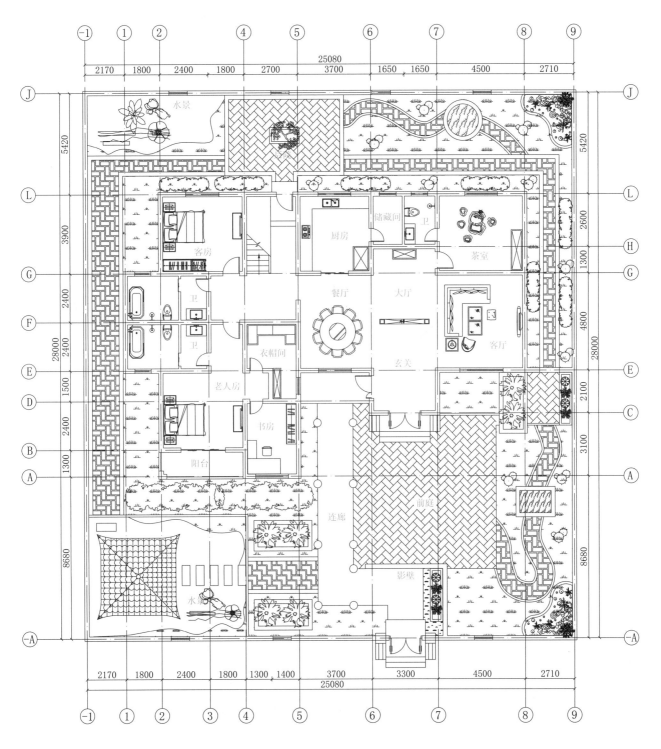

总平面图

方案 39

本方案效果图见 040 页

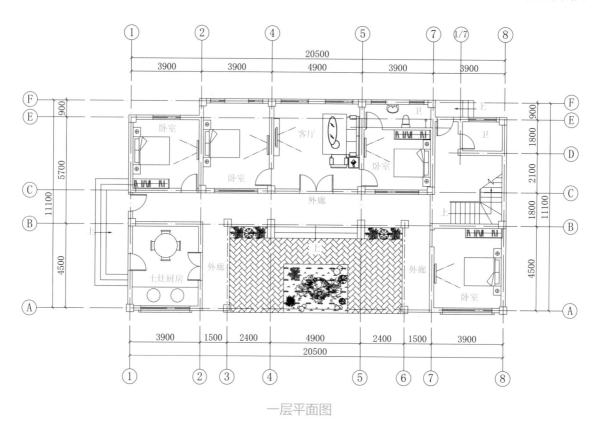

一层平面图

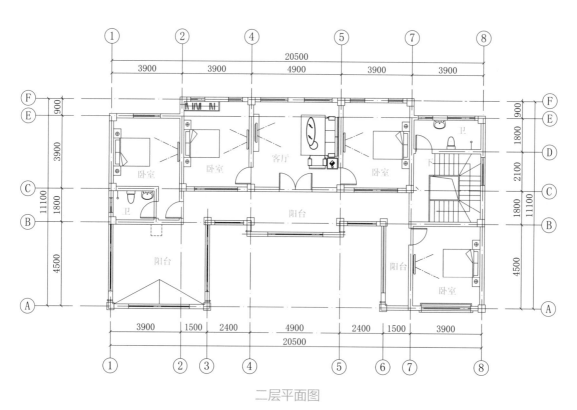

二层平面图

方案 40

本方案效果图见 041 页

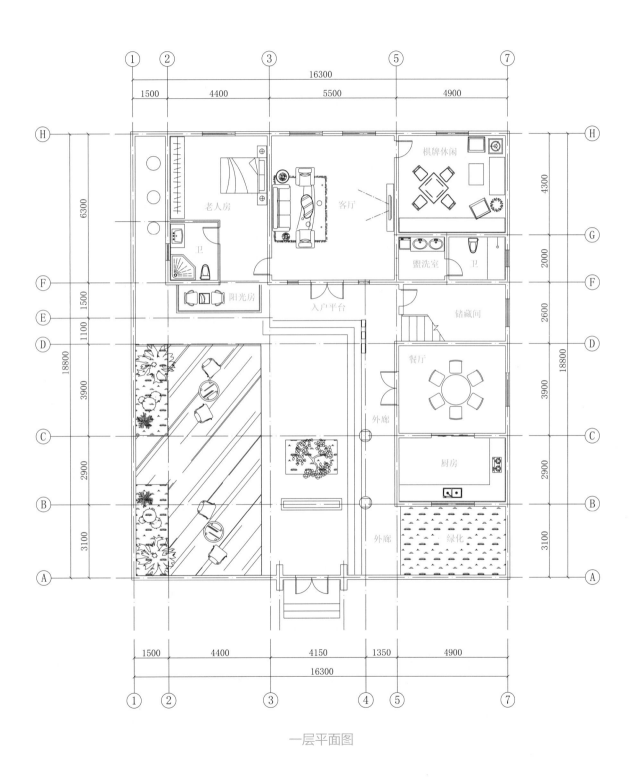

一层平面图

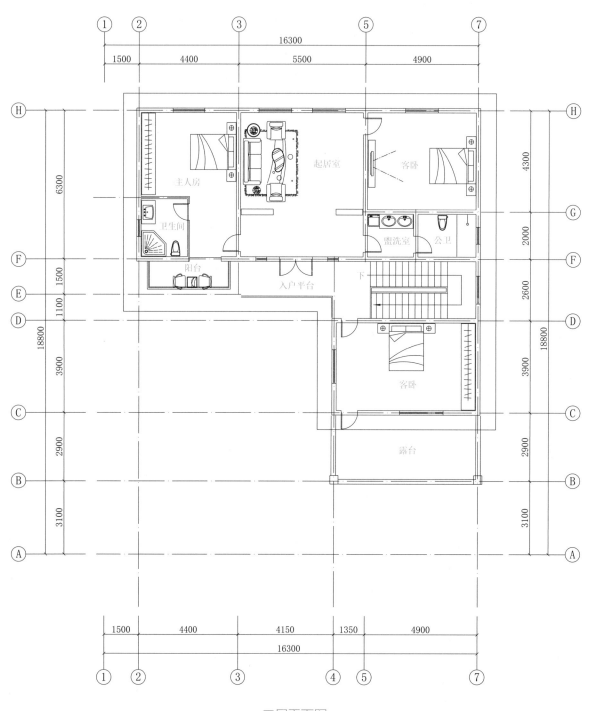

二层平面图

方案 41

本方案效果图见 042 页

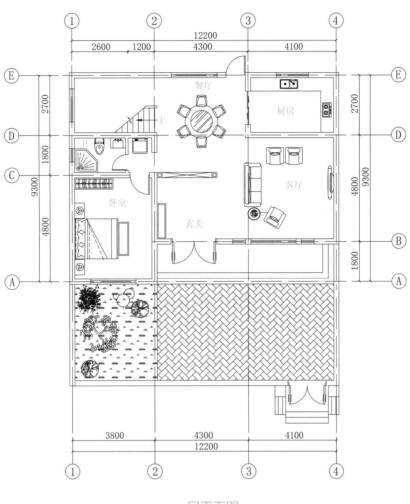

一层平面图

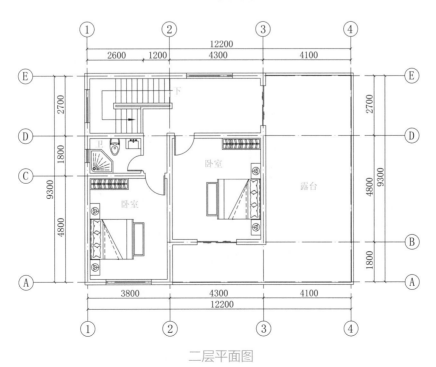

二层平面图

方案 42

本方案效果图见 043 页

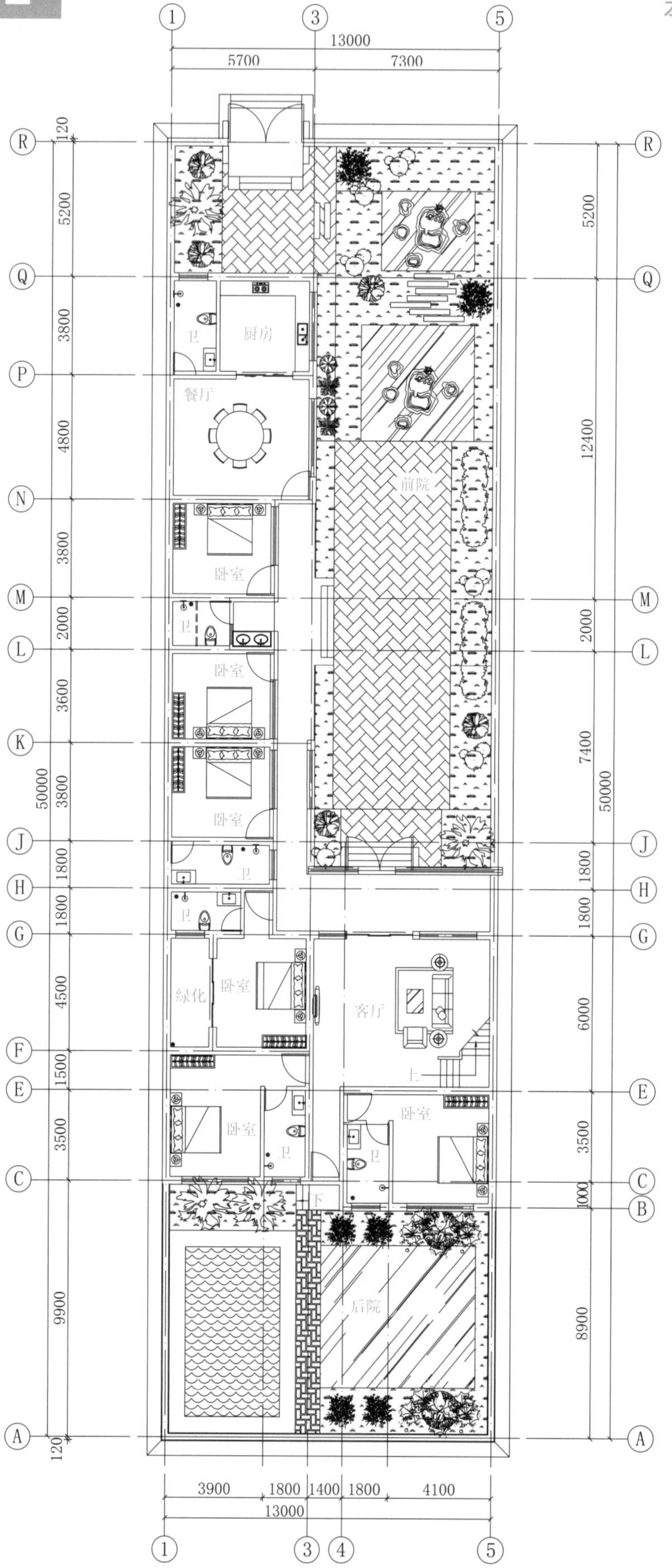

卫

厨房

餐厅

卧室

卫

卧室

卧室

卫

卫

绿化

卧室

客厅

卫

卧室

卫

卧室

前院

后院

上

下

一层平面图

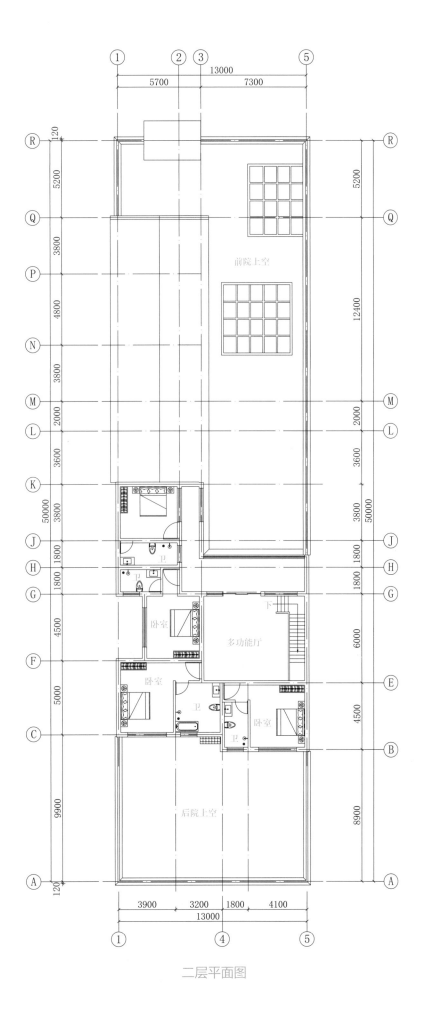

二层平面图

方案 43

本方案效果图见 044 页

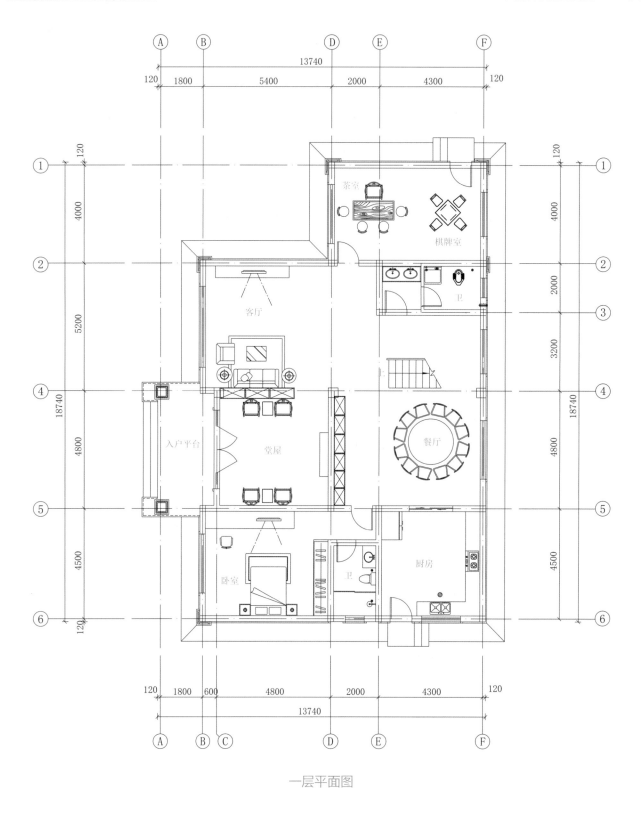

一层平面图

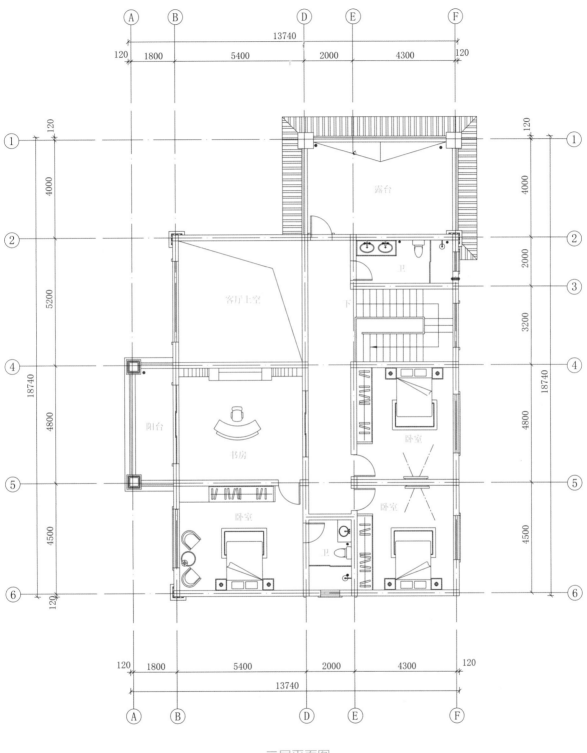

露台

客厅上空

卫

阳台

书房

卧室

卧室

卧室

卫

二层平面图

方案 44

本方案效果图见 045 页

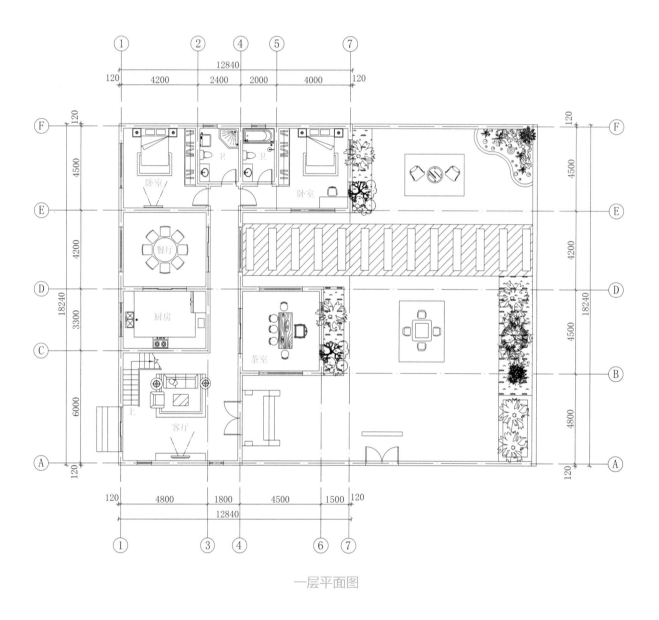

一层平面图

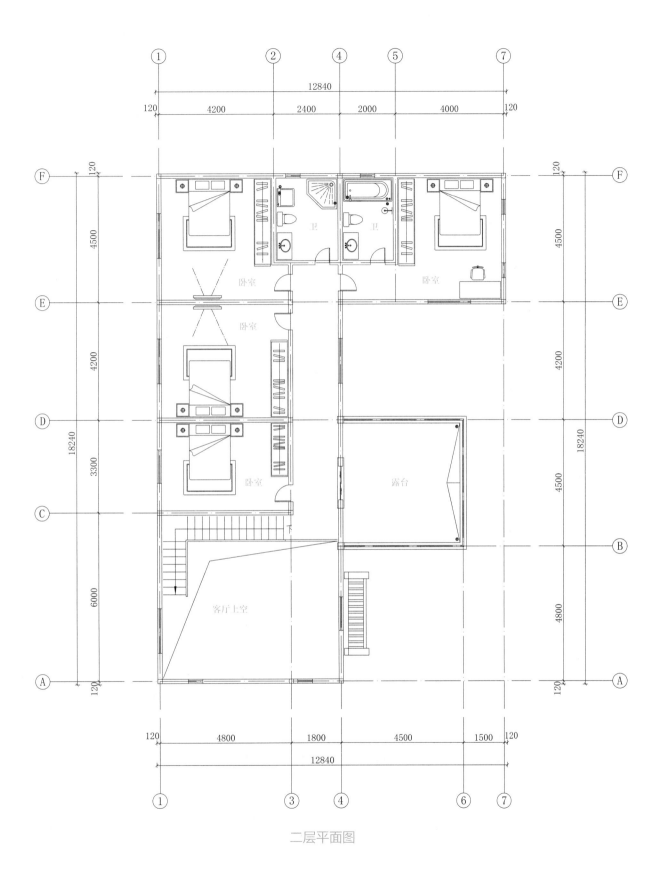

二层平面图

多层

方案 45

本方案效果图见 046 页

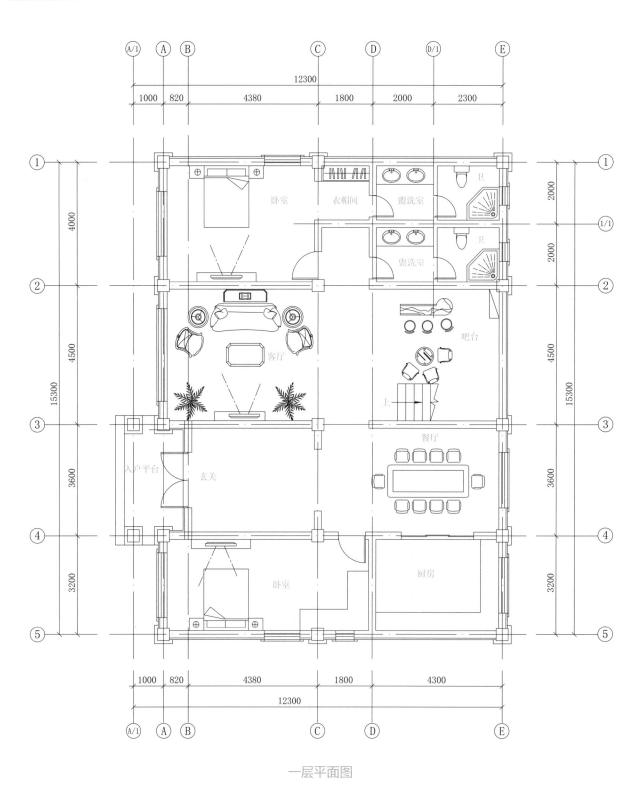

一层平面图

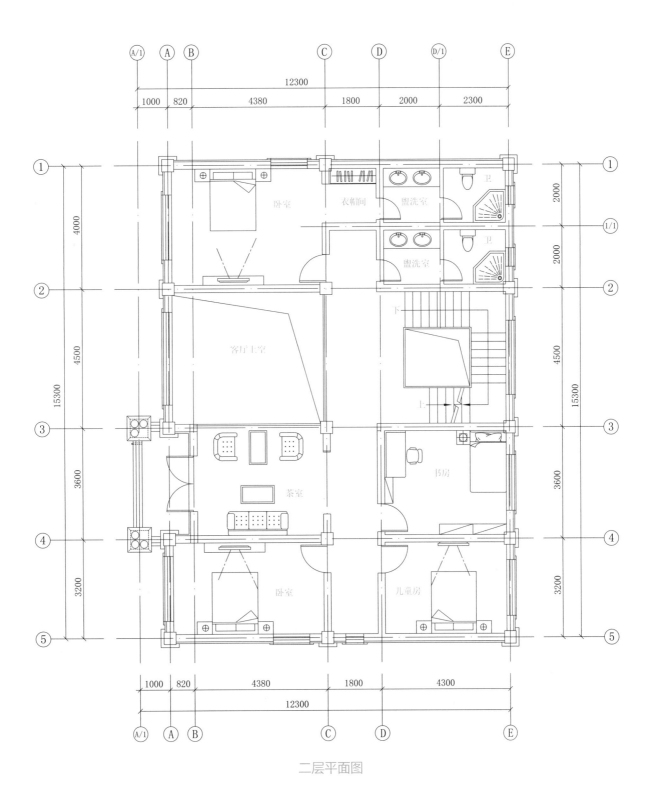

二层平面图

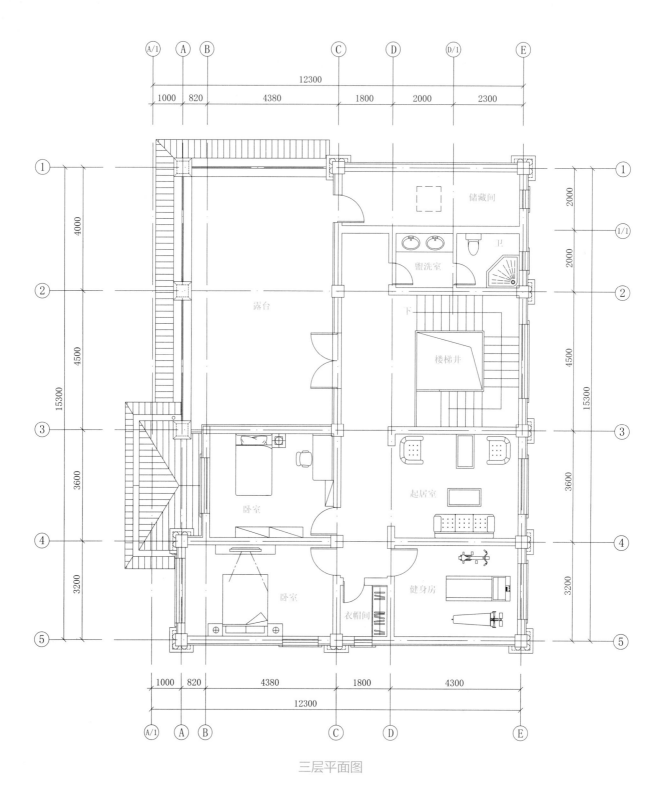

三层平面图

方案 46

本方案效果图见 047 页

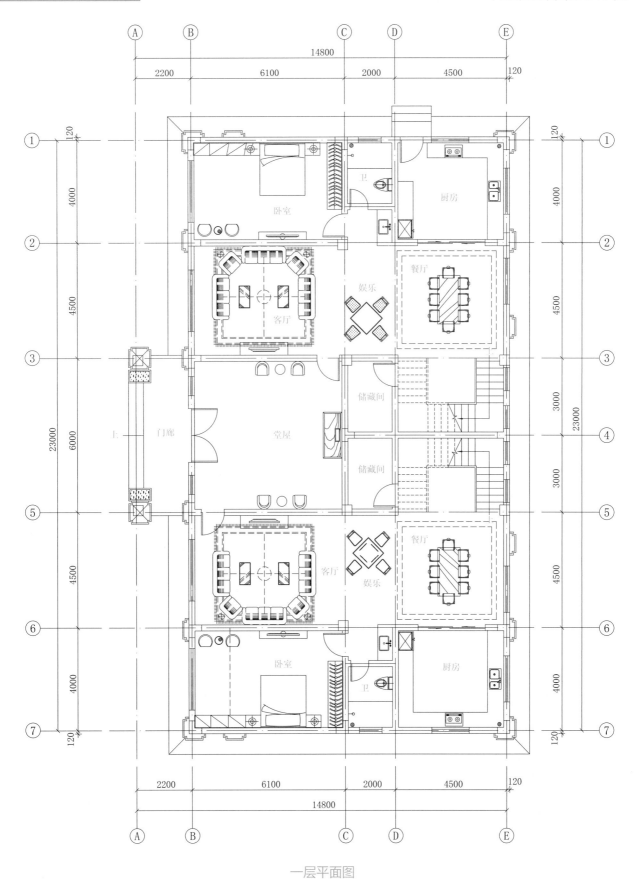

一层平面图

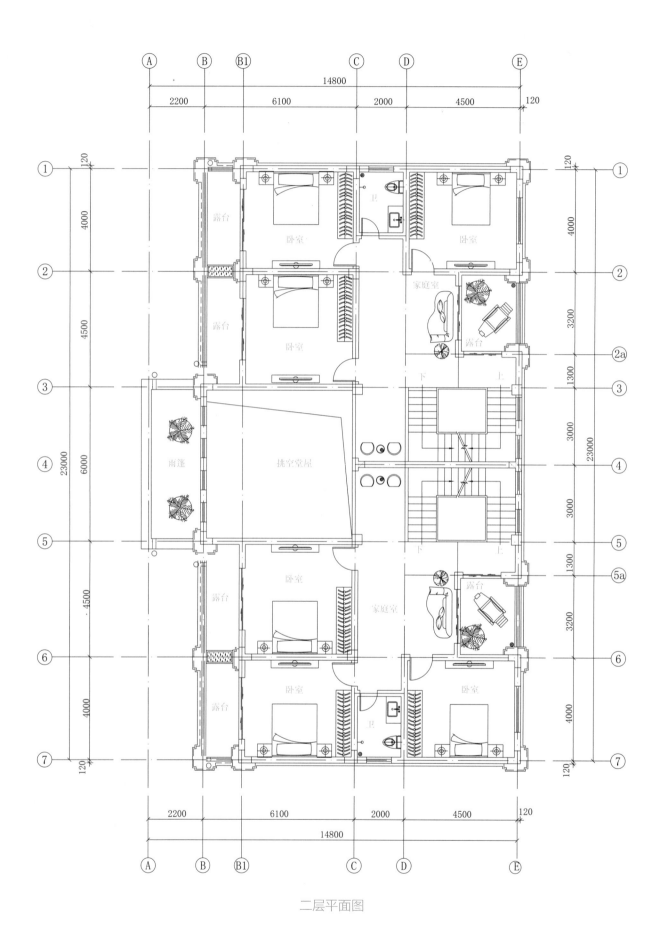

二层平面图

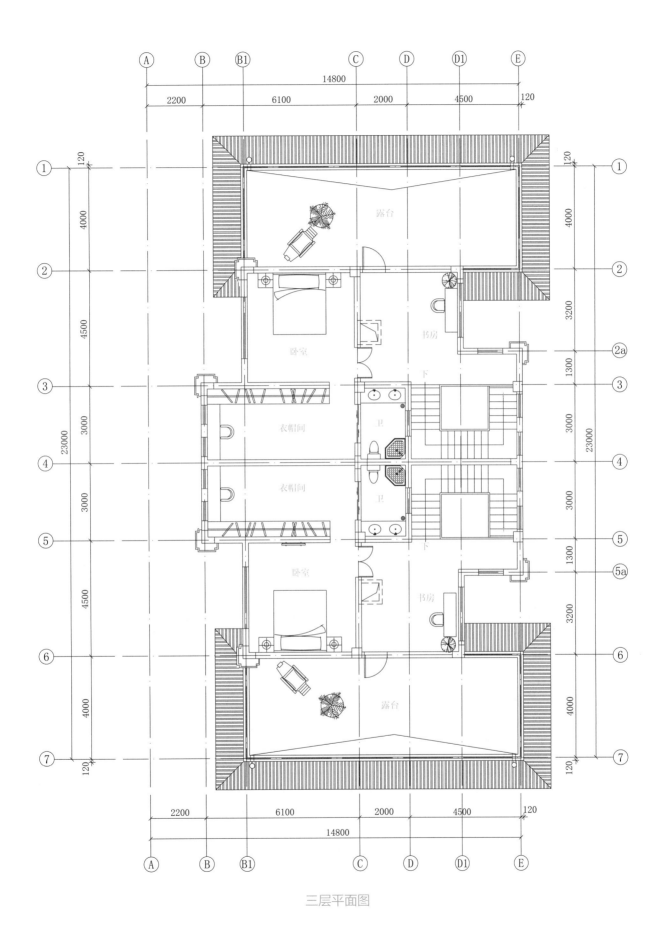

三层平面图

方案 47

本方案效果图见 048 页

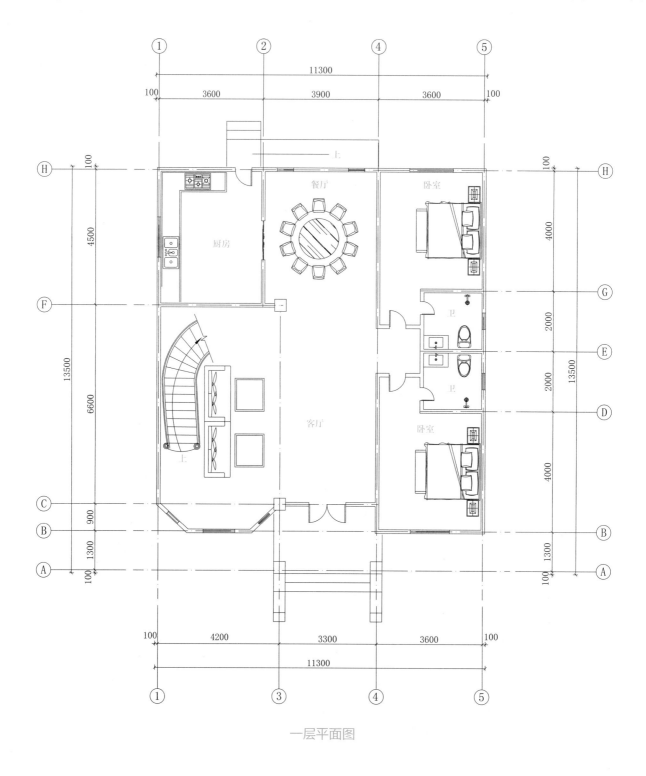

一层平面图

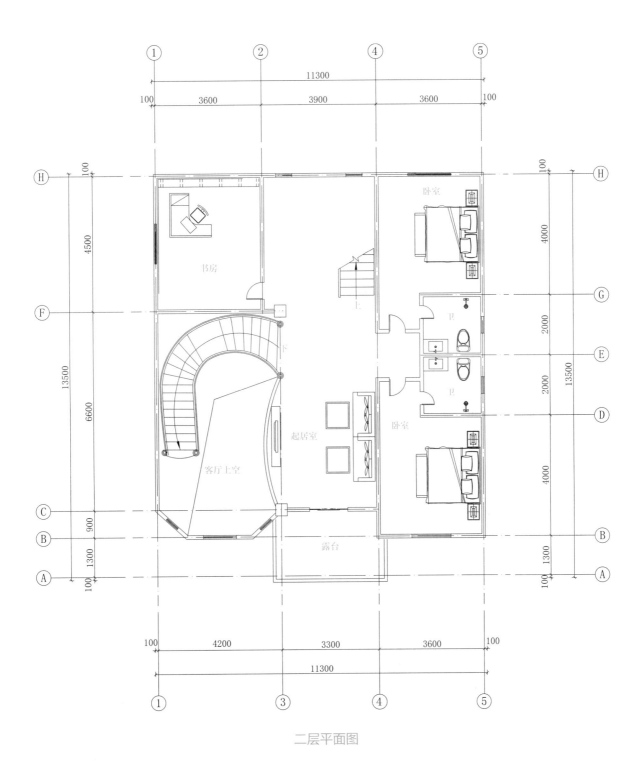

二层平面图

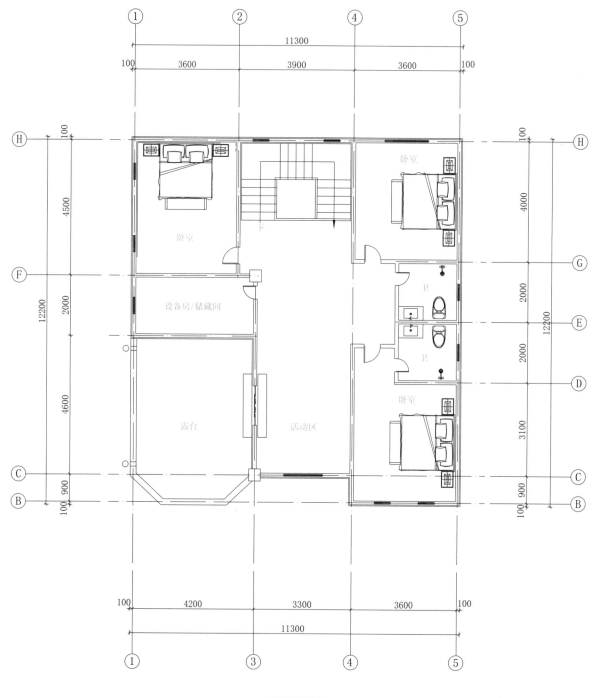

三层平面图

方案 48

本方案效果图见 049 页

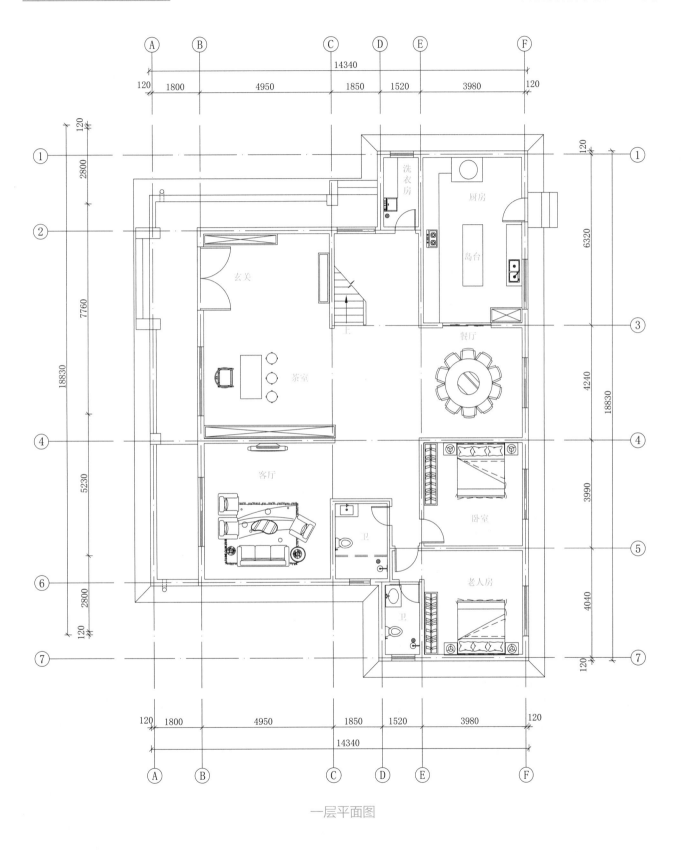

一层平面图

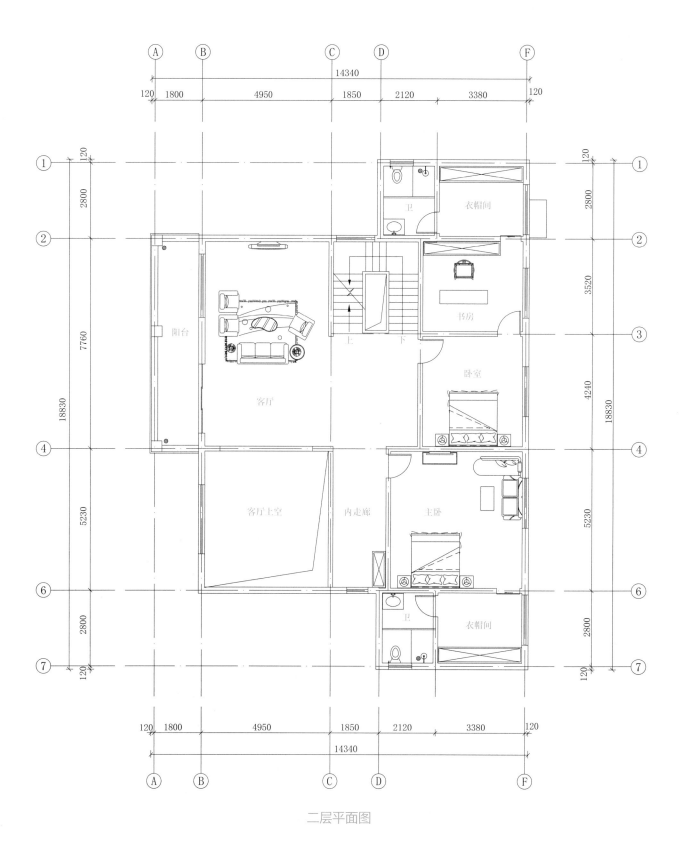

二层平面图

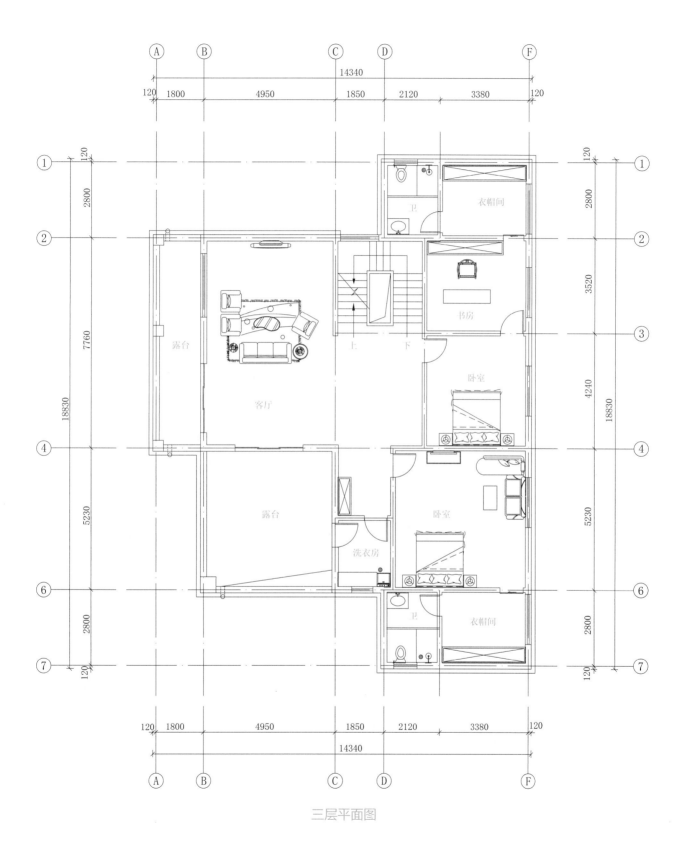

| A | B | C | D | F |

14340

| 120 | 1800 | 4950 | 1850 | 2120 | 3380 | 120 |

卫

衣帽间

书房

卧室

露台

客厅

上　下

卧室

露台

洗衣房

卫

衣帽间

2800　3520　4240　5230　2800

18830

7760　5230

三层平面图

| 120 | 1800 | 4950 | 1850 | 2120 | 3380 | 120 |

14340

| A | B | C | D | F |

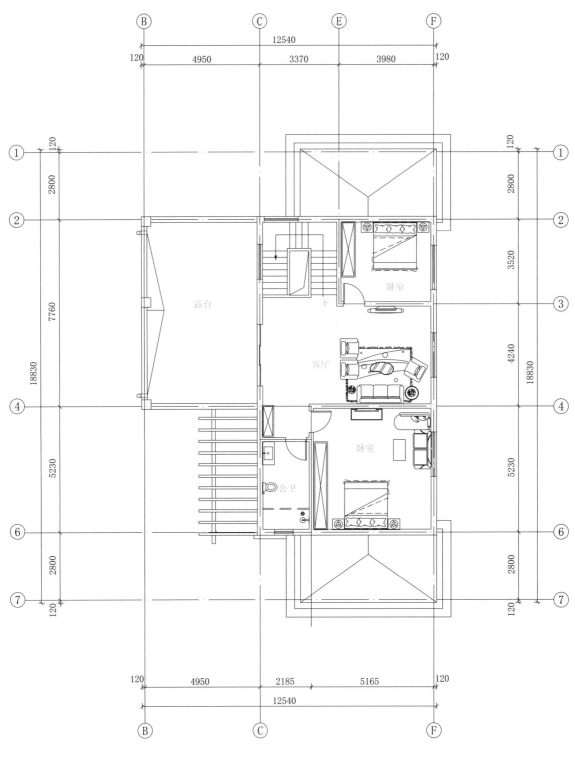

四层平面图

方案 49

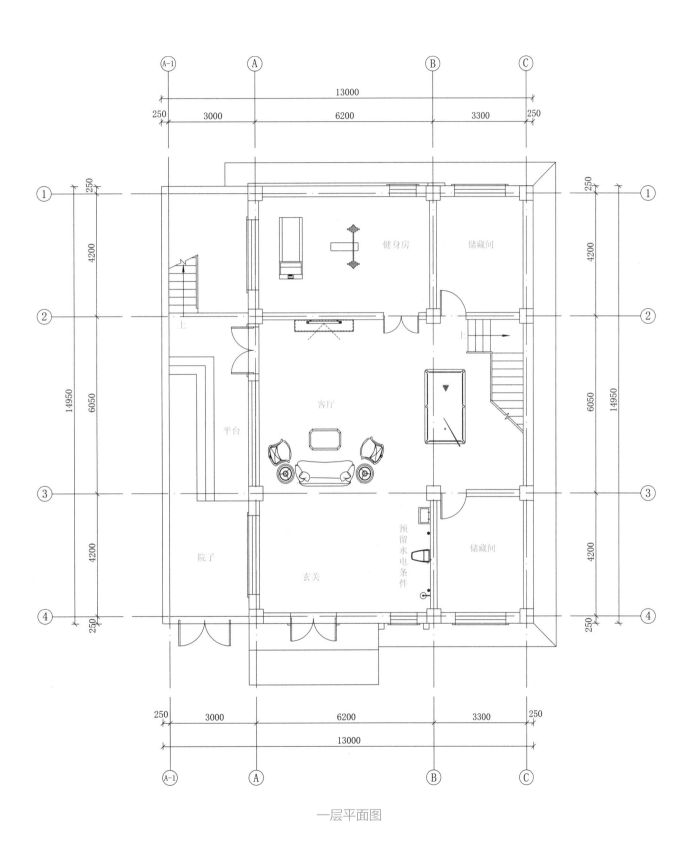

13000

250　3000　6200　3300　250

250　4200

14950

6050

4200

250

健身房

储藏间

上

客厅

平台

院子

玄关

预留水电条件

储藏间

上

250　3000　6200　3300　250

13000

一层平面图

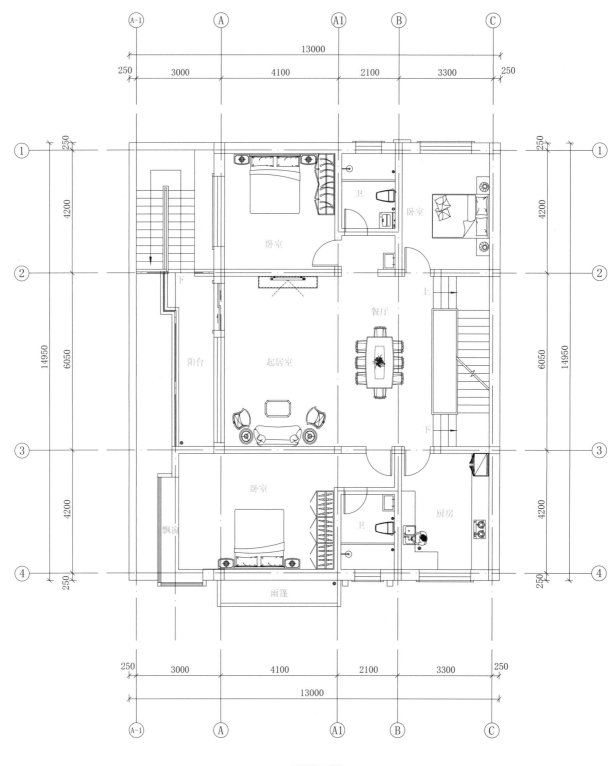

二层平面图

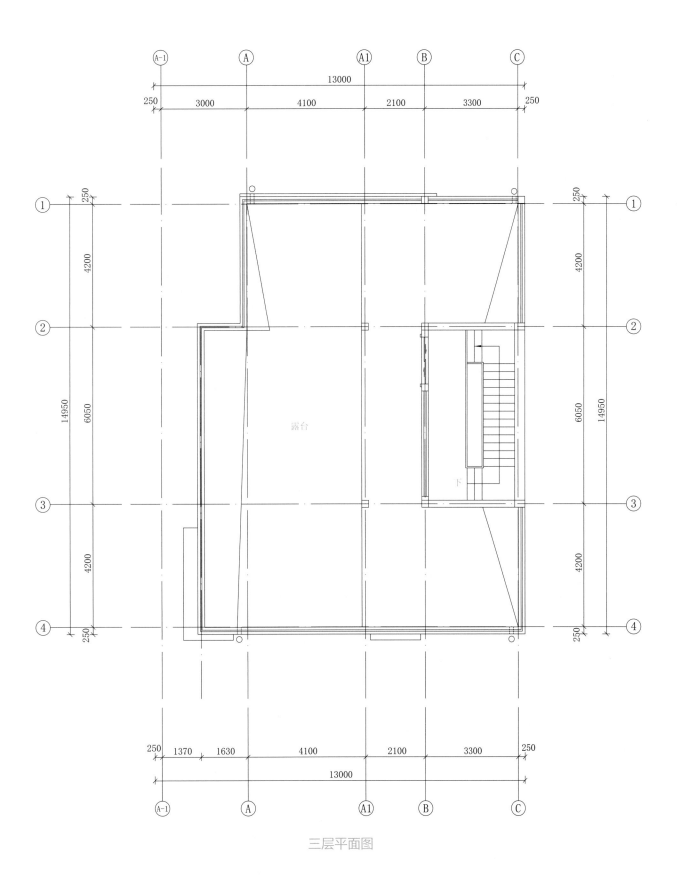

三层平面图

方案 50

本方案效果图见 051 页

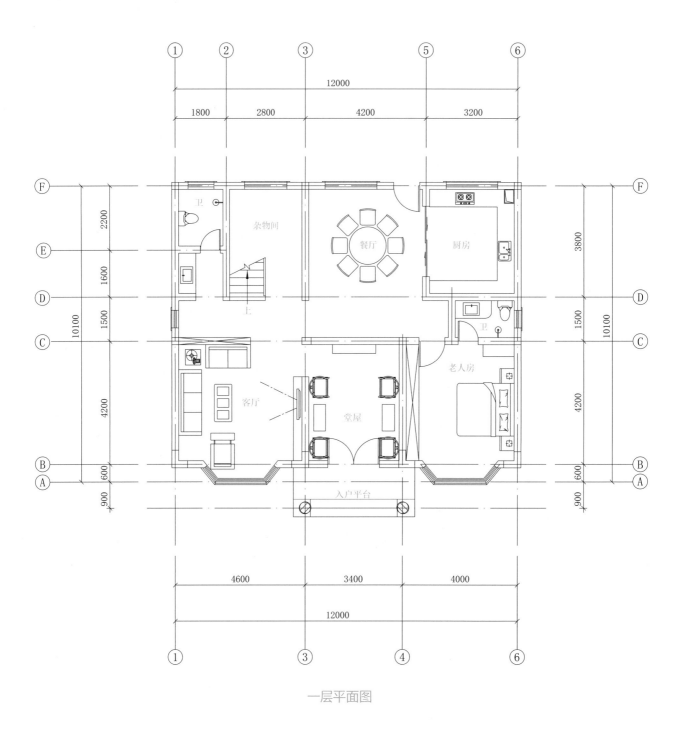

一层平面图

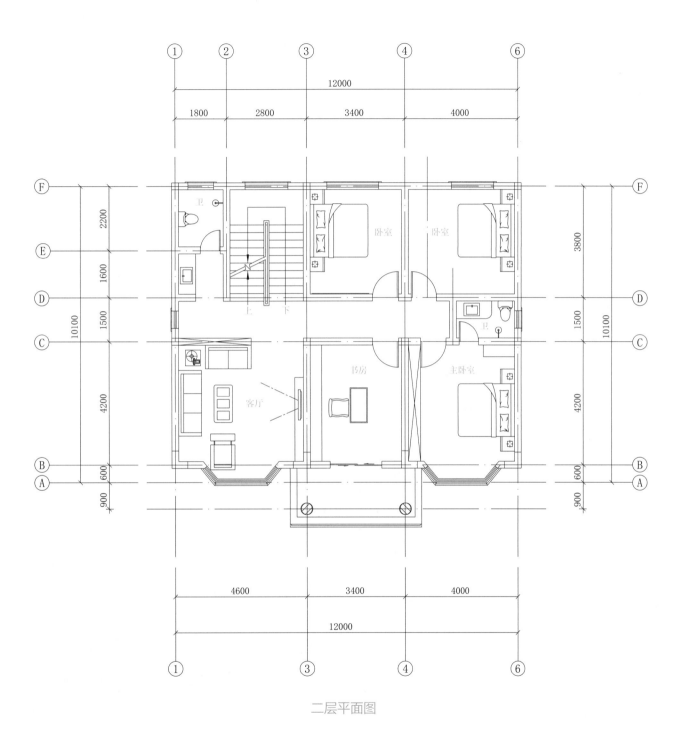

二层平面图

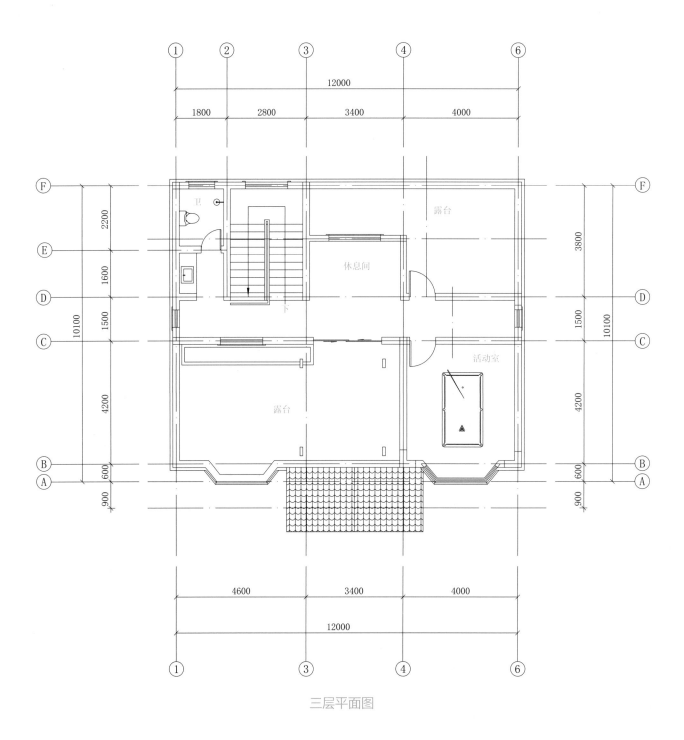

三层平面图

方案 51

本方案效果图见 052 页

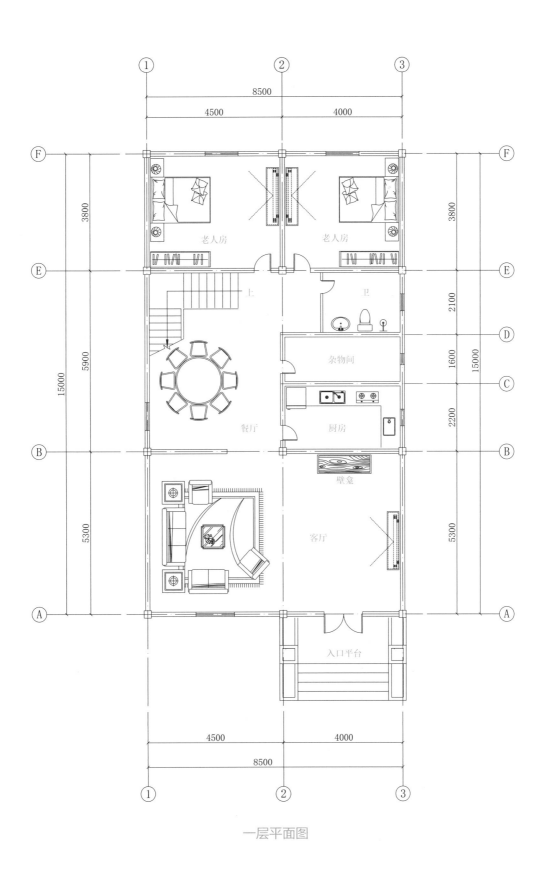

一层平面图

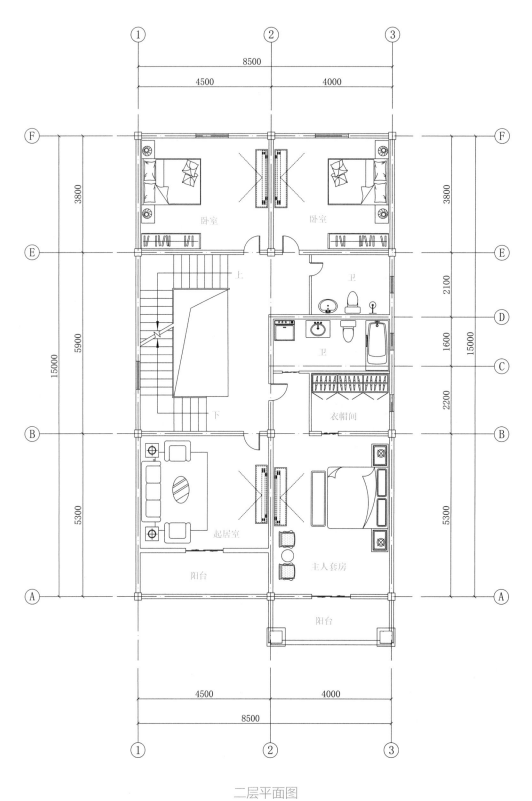

二层平面图

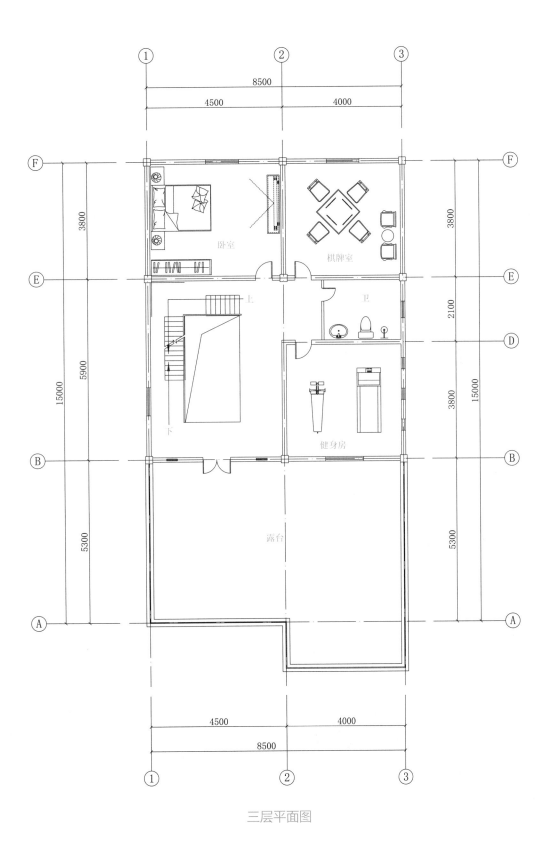

三层平面图

方案 52

本方案效果图见 053 页

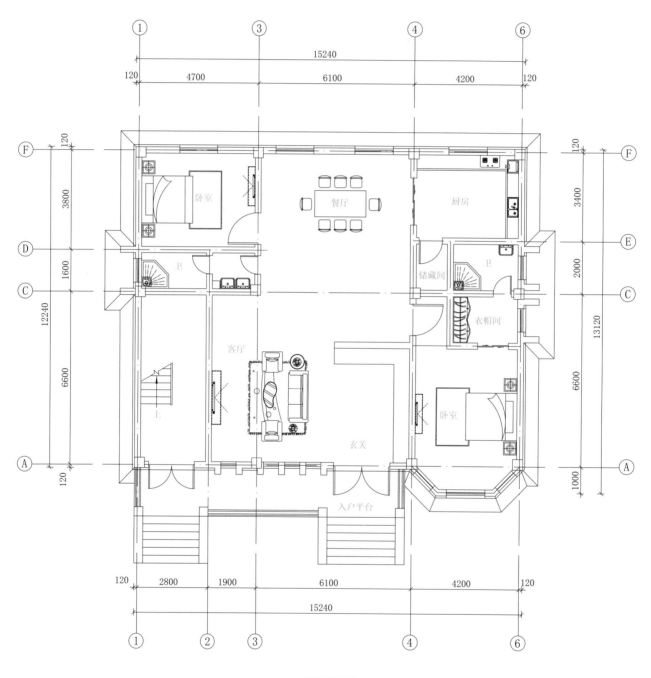

一层平面图

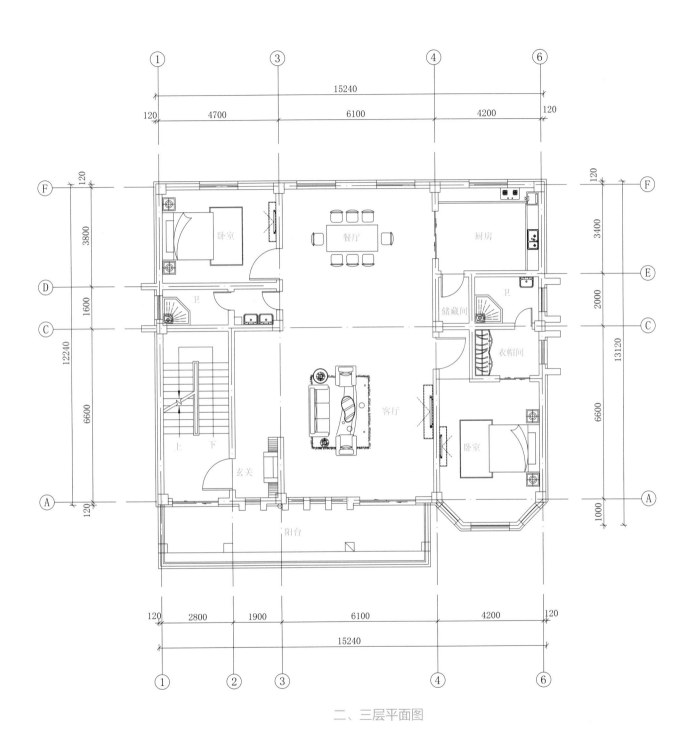

二、三层平面图

本方案效果图见 054 页

方案 53

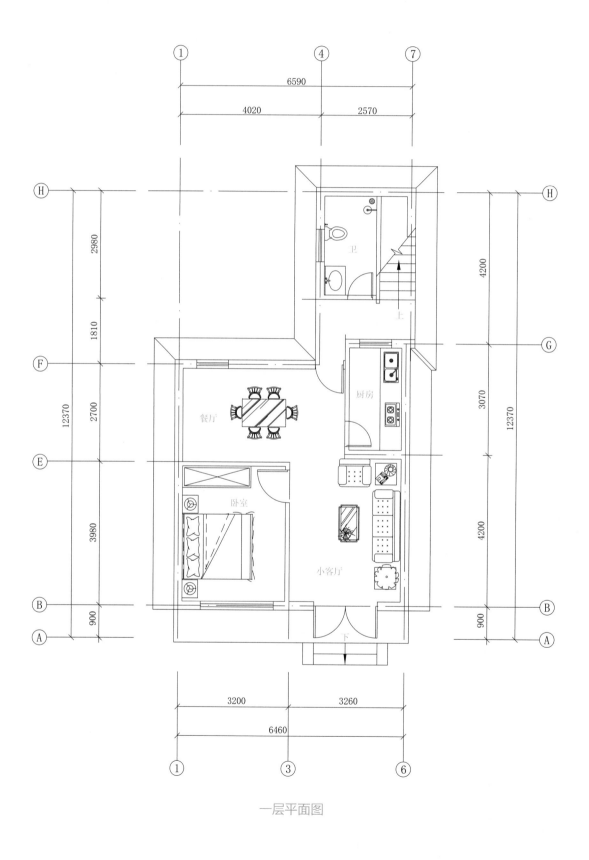

一层平面图

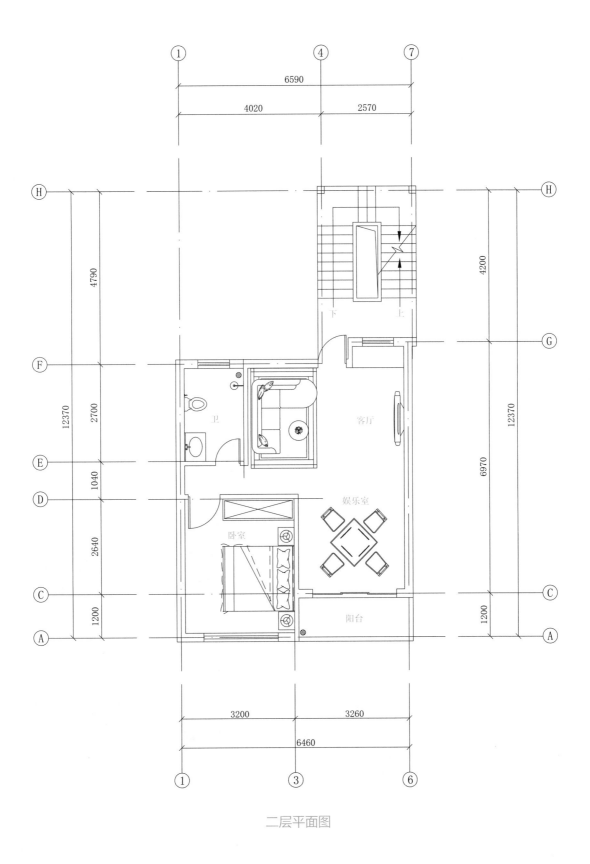

二层平面图

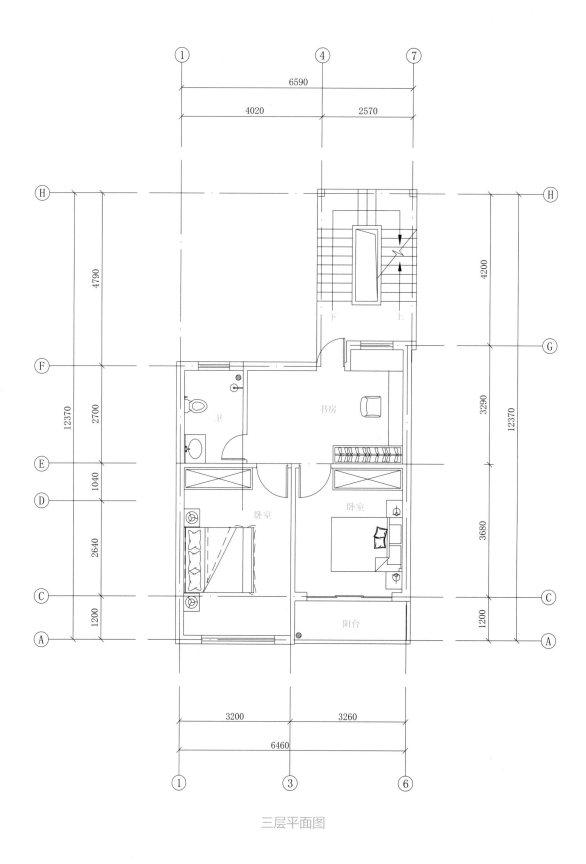

三层平面图

方案 54

本方案效果图见 055 页

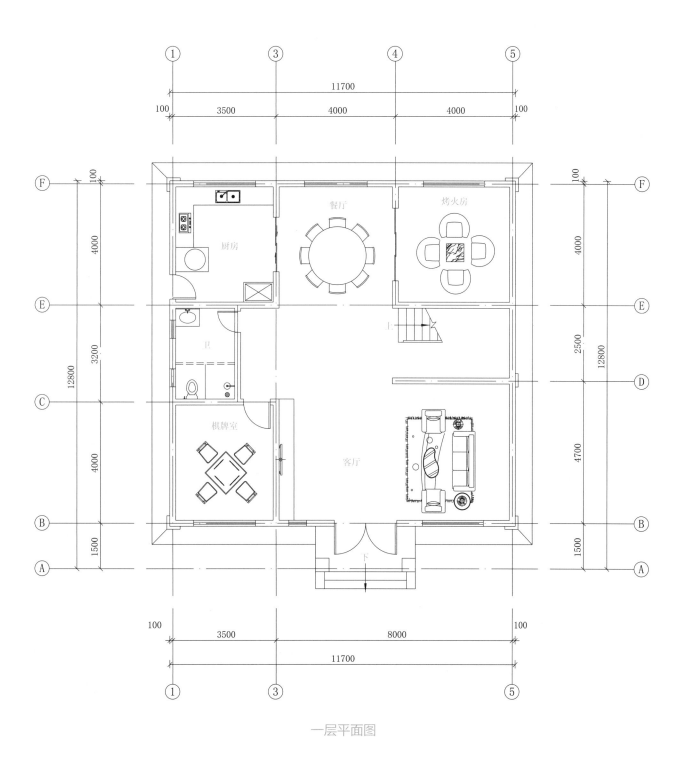

一层平面图

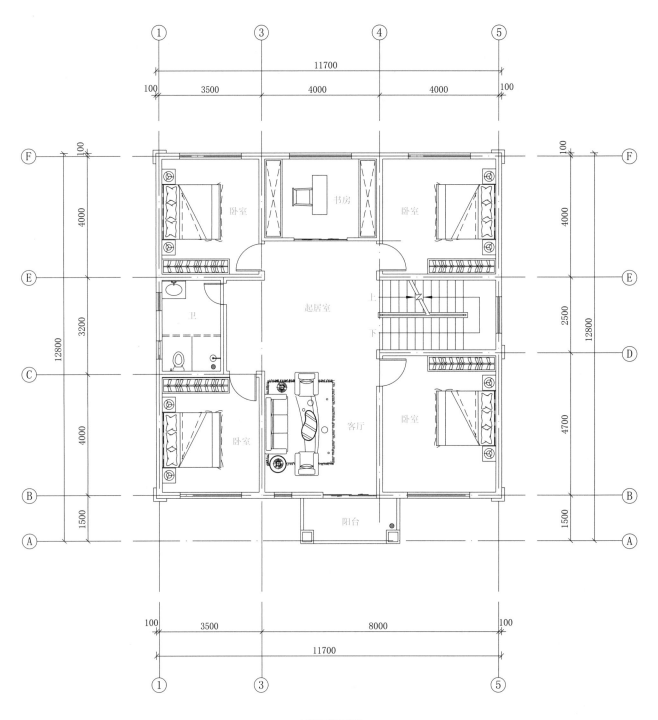

二层平面图

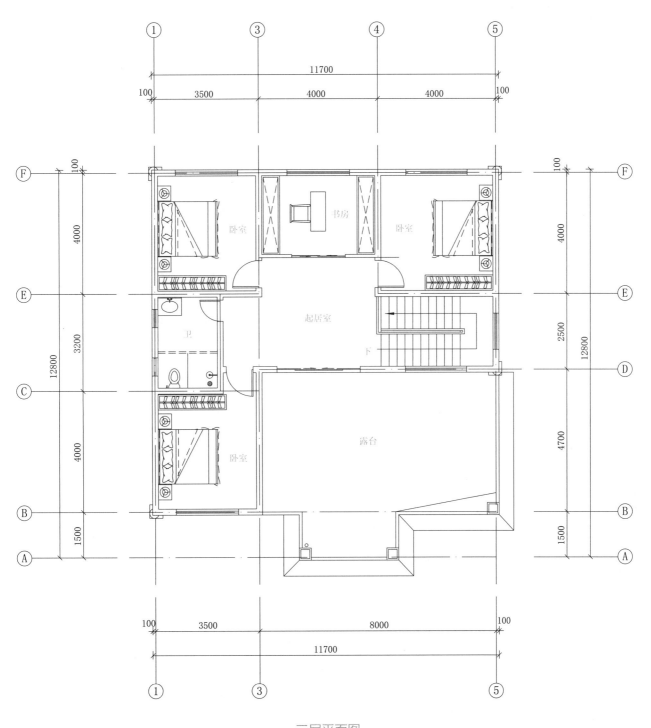

三层平面图

方案 55

本方案效果图见 056 页

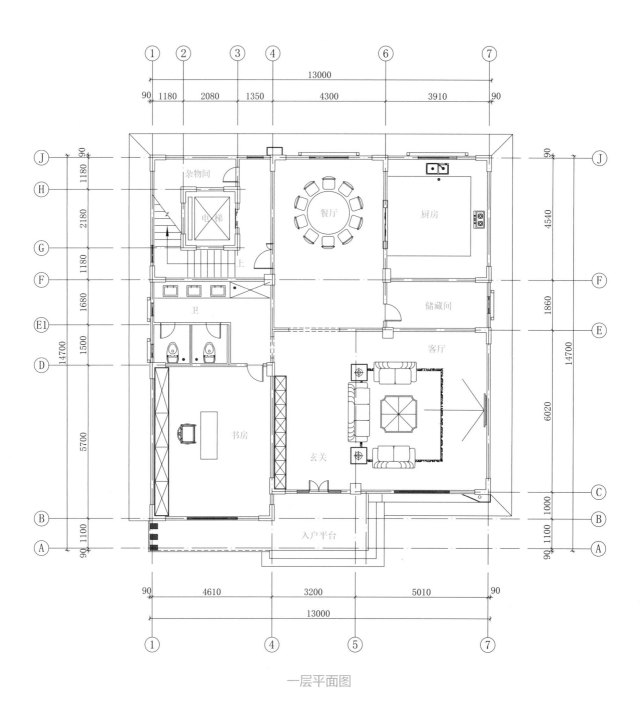

一层平面图

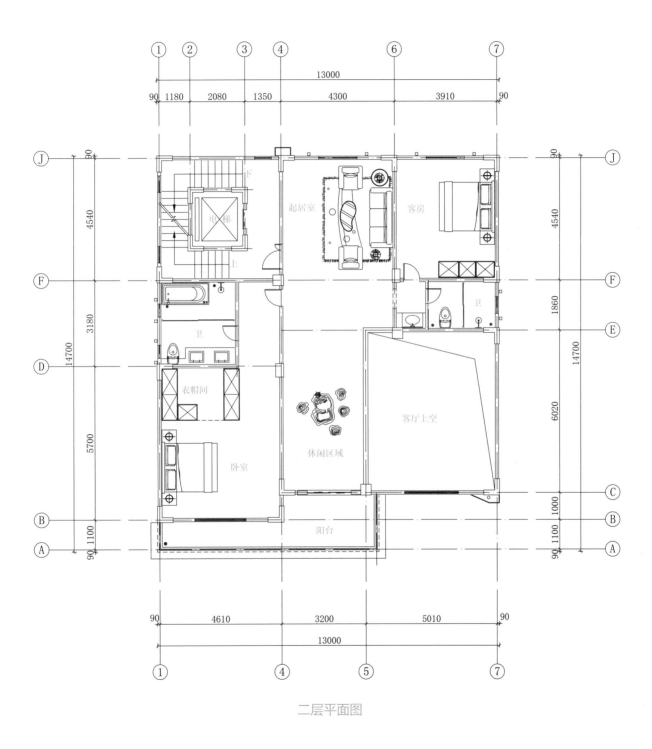

二层平面图

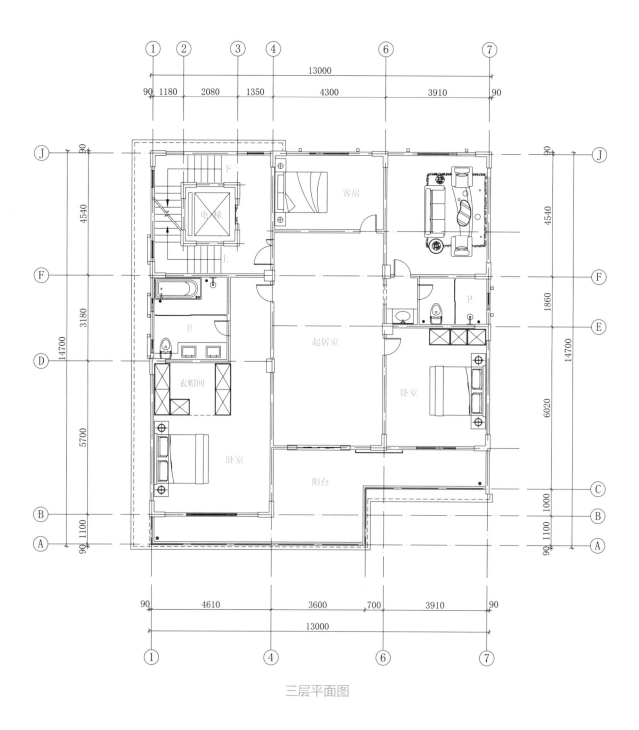

三层平面图

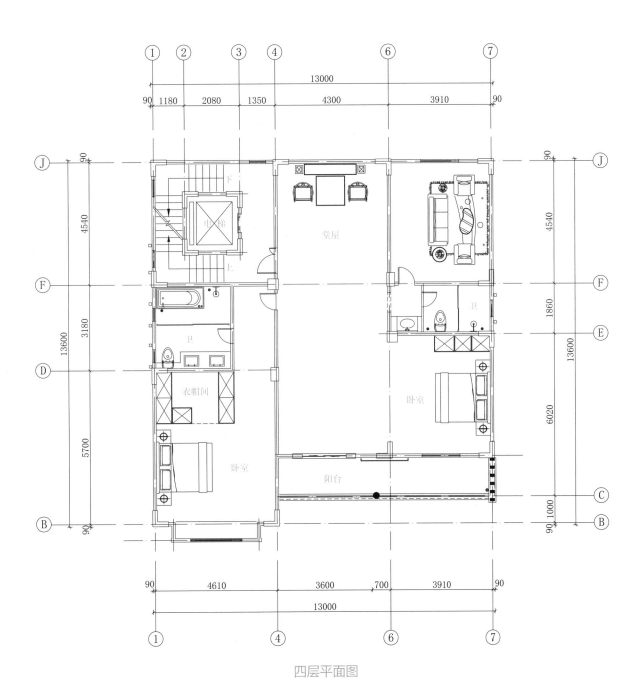

四层平面图

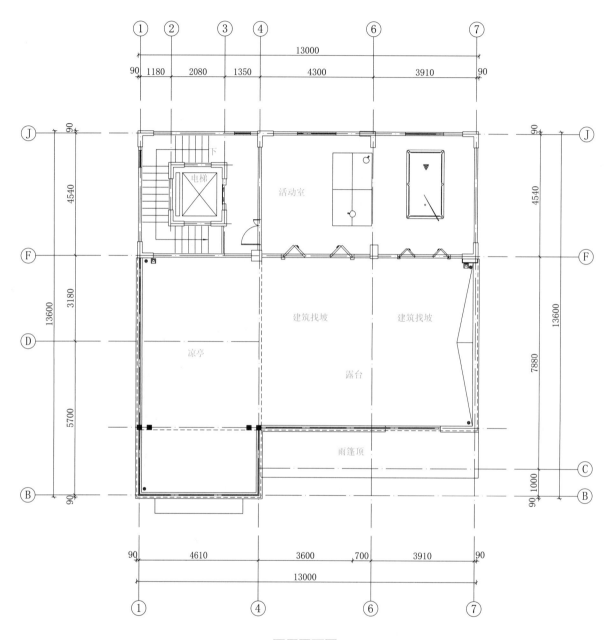

五层平面图

方案 56

本方案效果图见 057 页

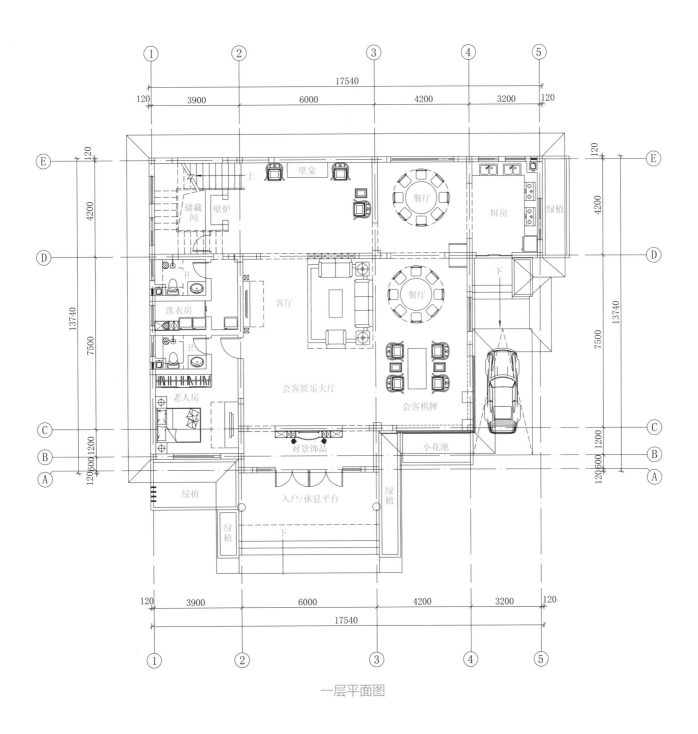

一层平面图

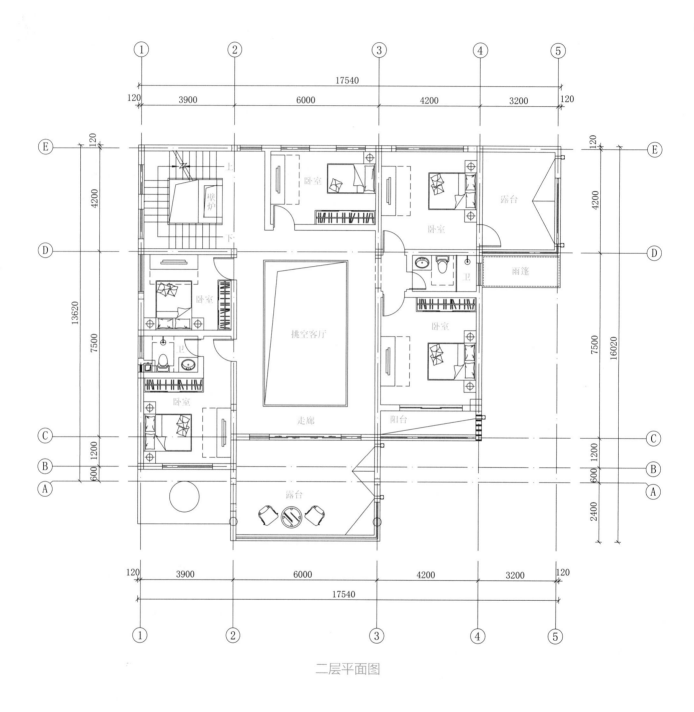

二层平面图

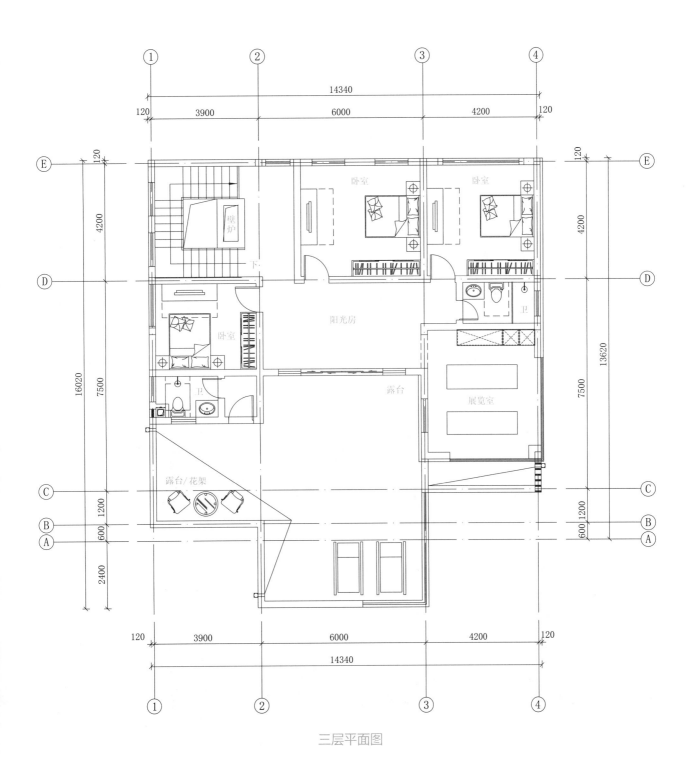

三层平面图

方案 57

本方案效果图见 058 页

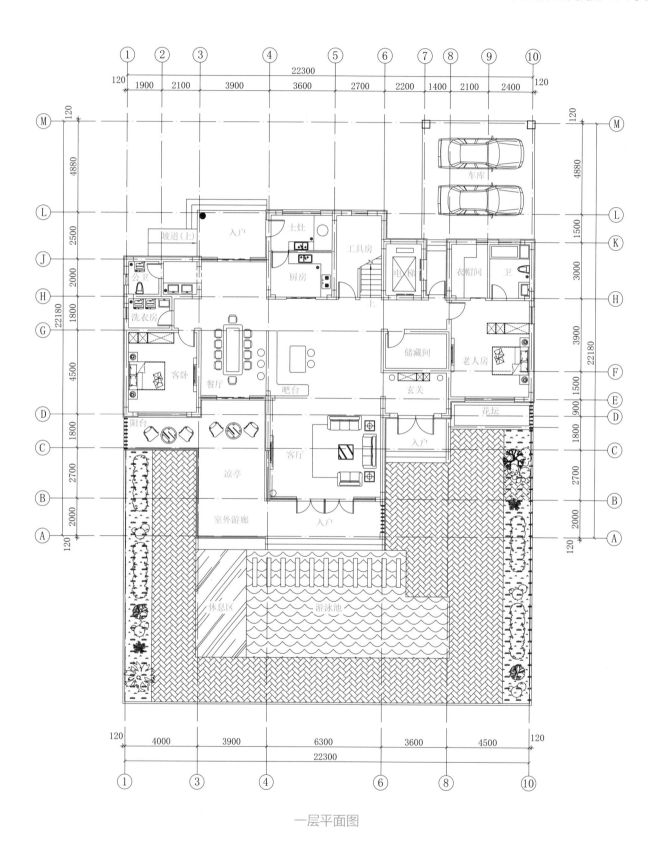

一层平面图

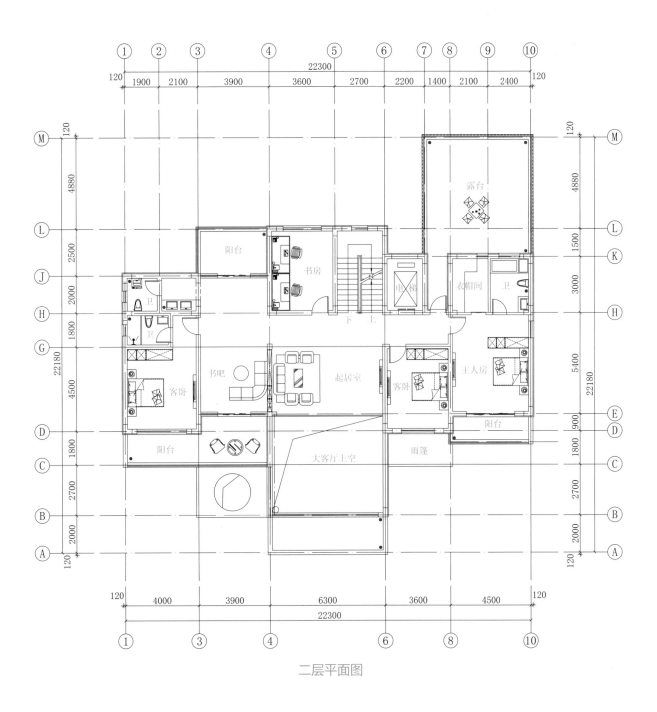

二层平面图

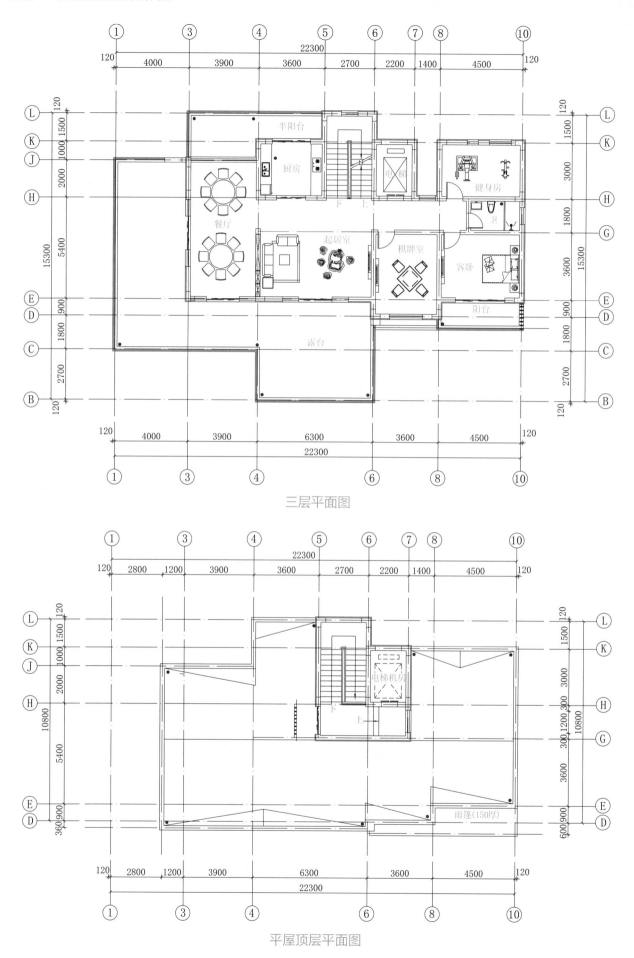

三层平面图

平屋顶层平面图

方案 58

本方案效果图见 059 页

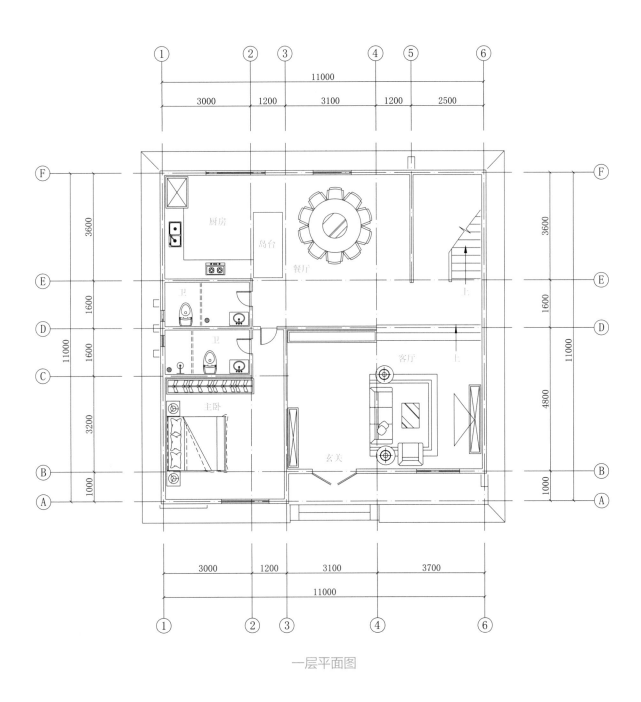

一层平面图

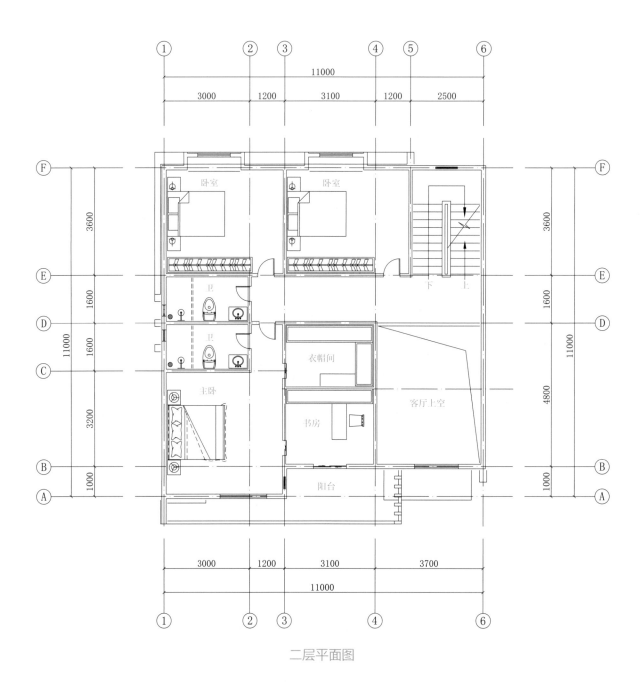

二层平面图

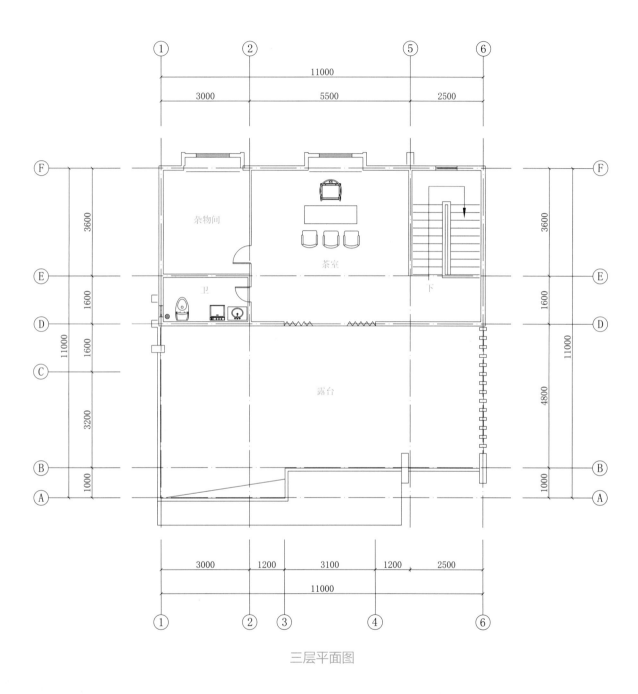

三层平面图

方案 59

本方案效果图见 060 页

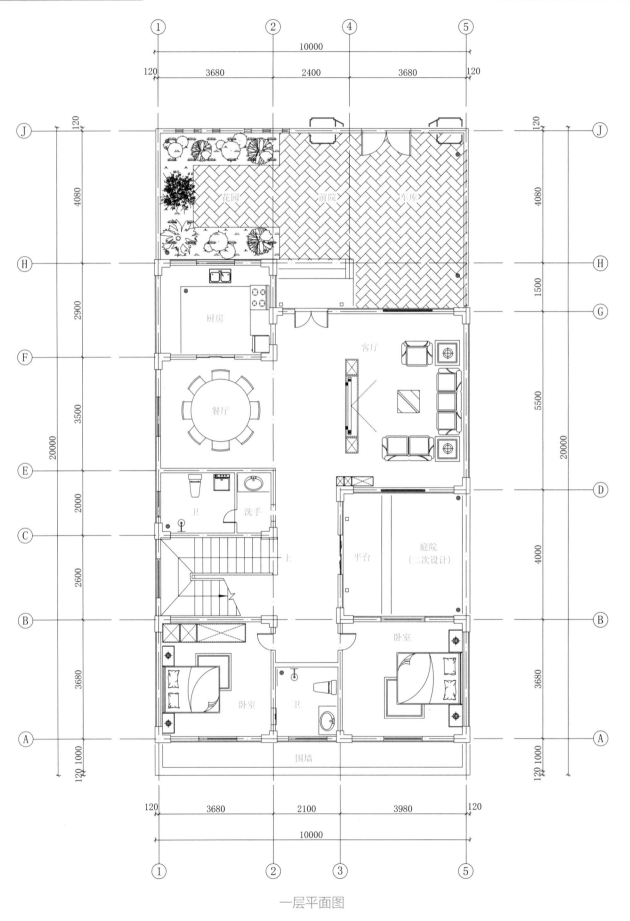

一层平面图

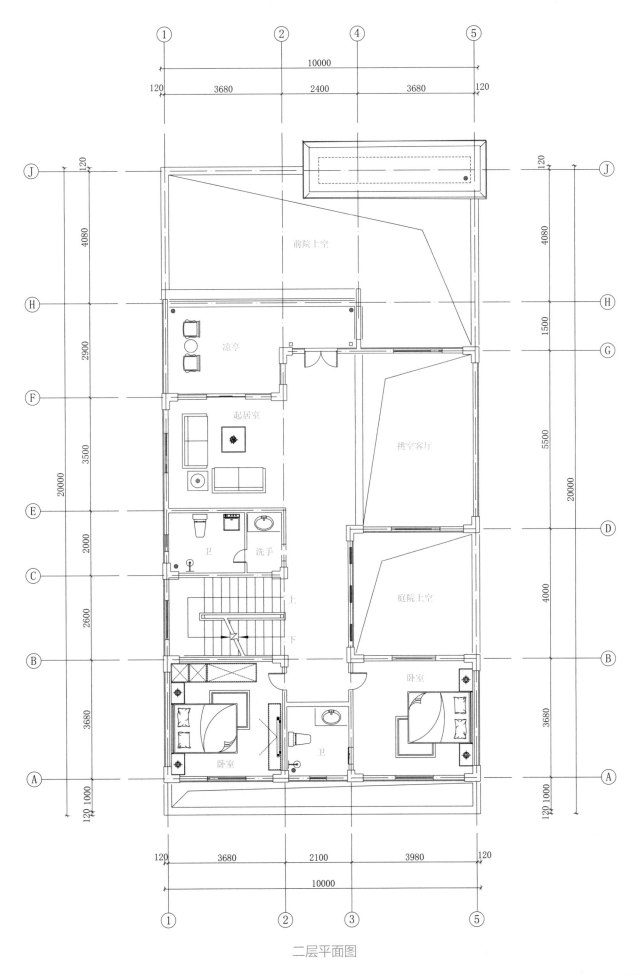

二层平面图

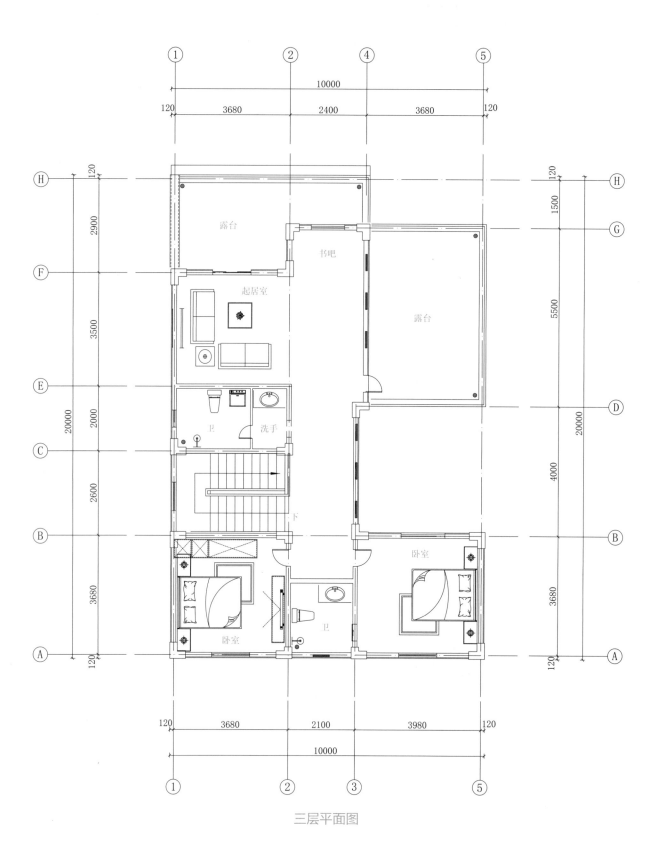

三层平面图

方案 60

本方案效果图见 061 页

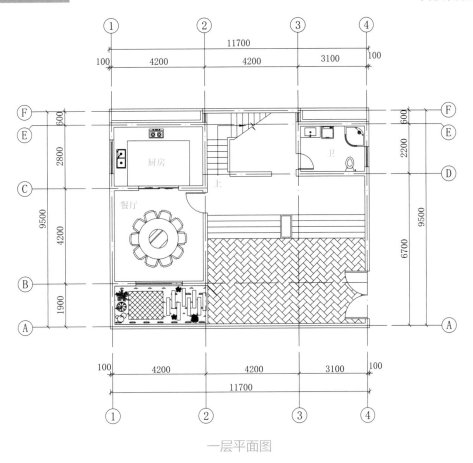

一层平面图

二层平面图

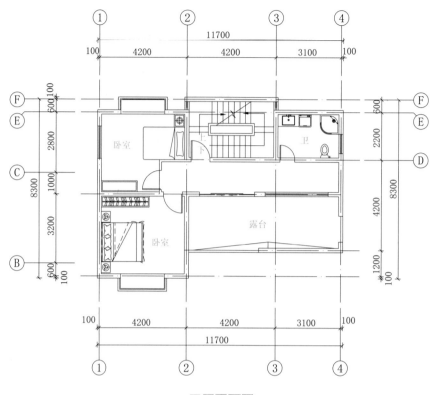

三层平面图

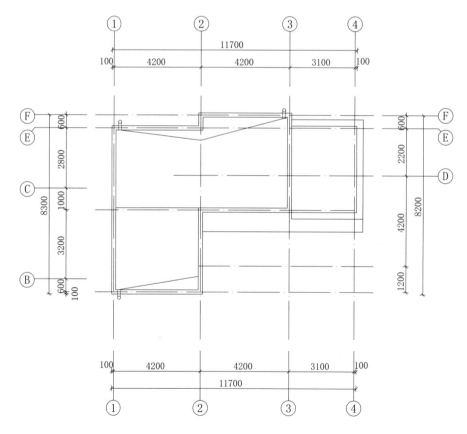

屋顶平面图

方案 61

本方案效果图见 062 页

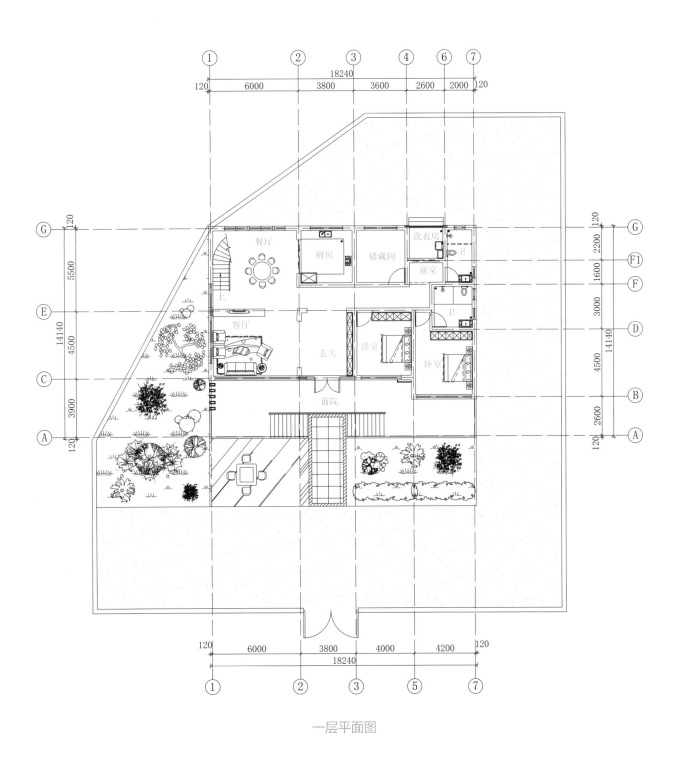

一层平面图

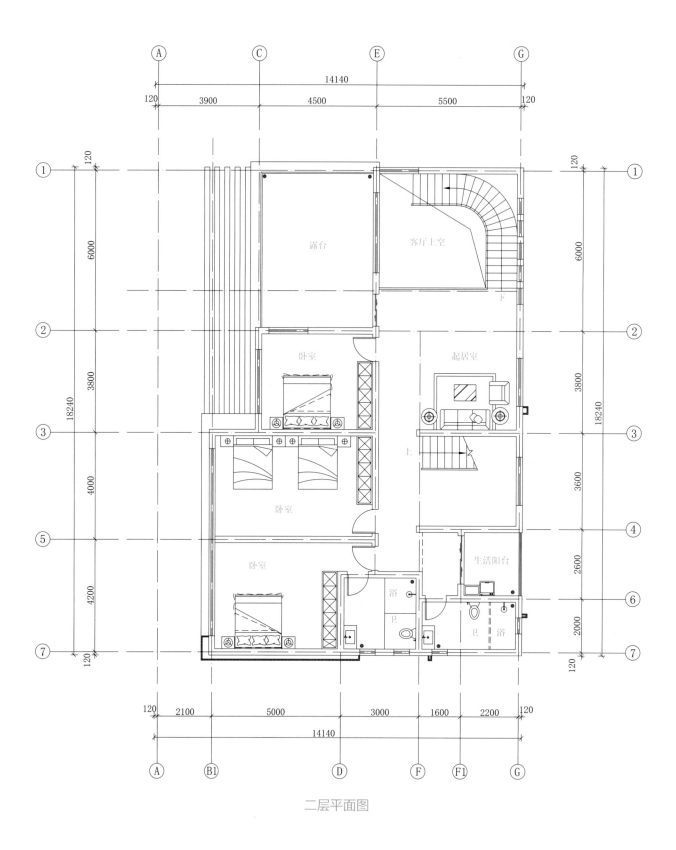

二层平面图

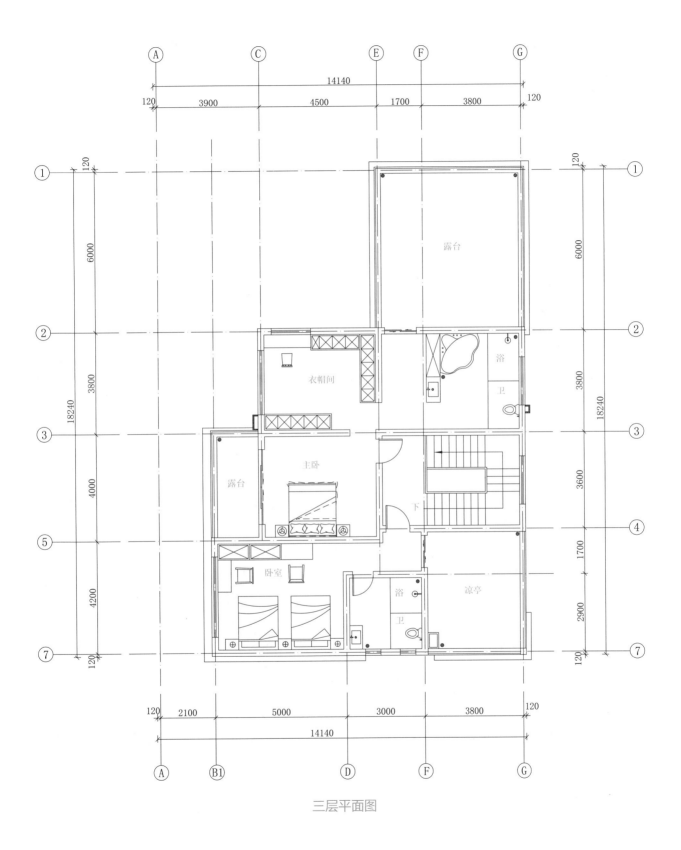

三层平面图

方案 62

本方案效果图见 063 页

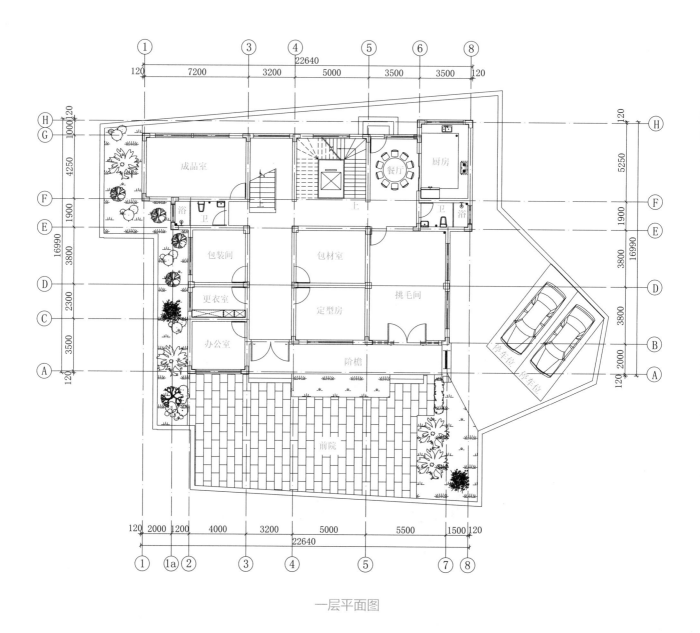

一层平面图

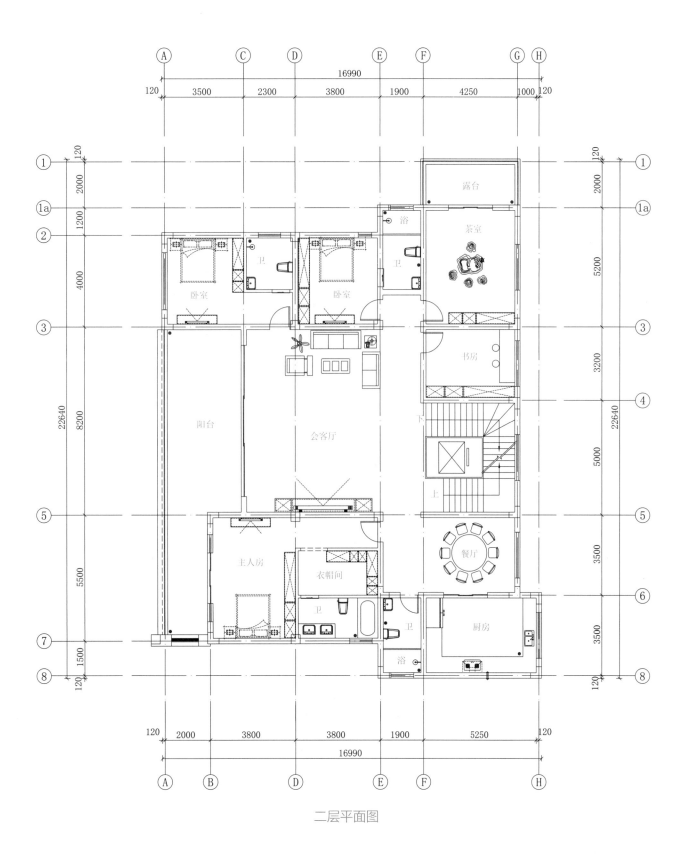

二层平面图

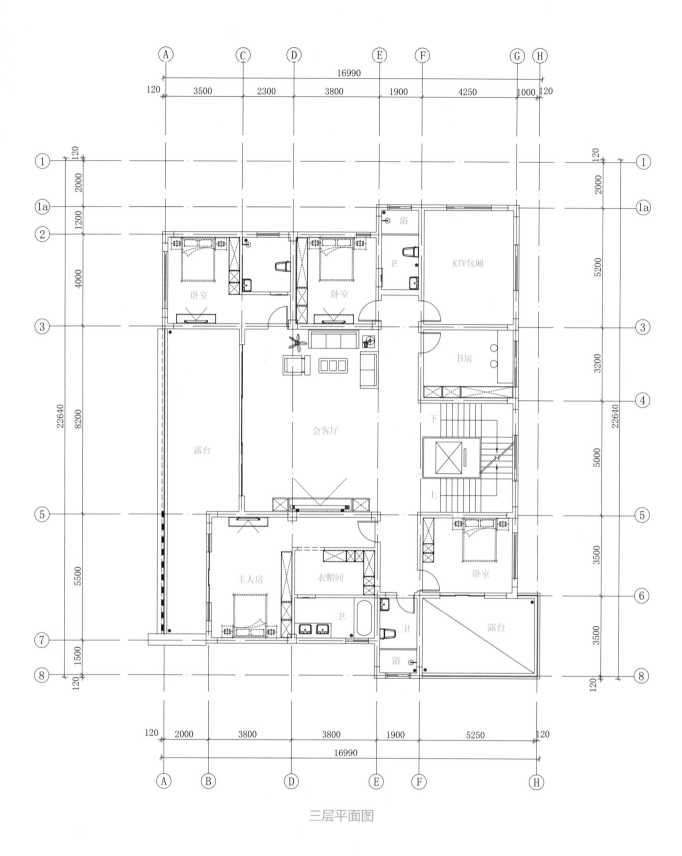

三层平面图

方案 63

本方案效果图见 064 页

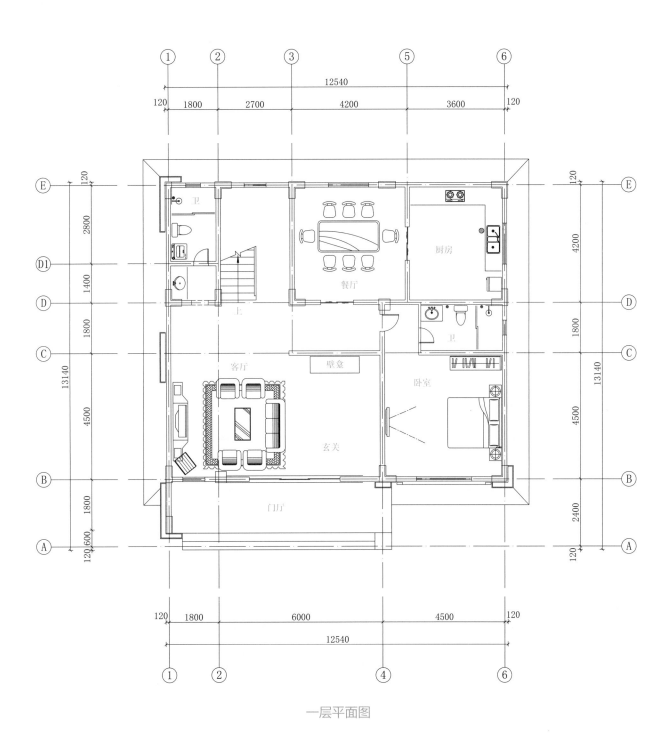

一层平面图

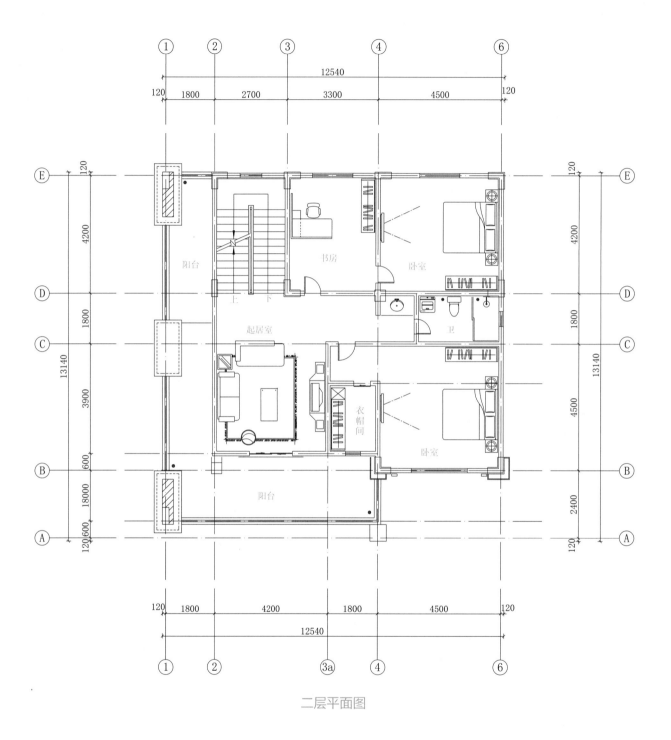

二层平面图

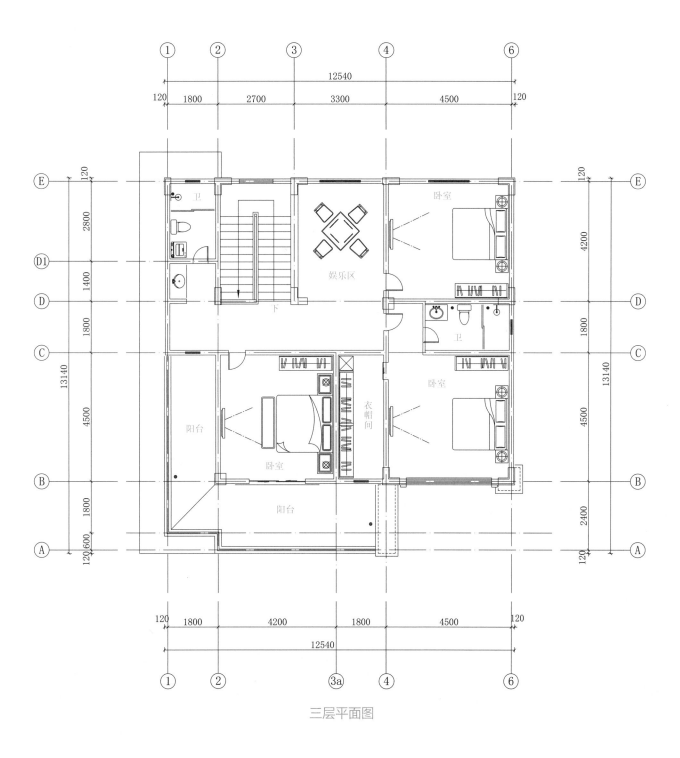

三层平面图

方案 64

本方案效果图见 065 页

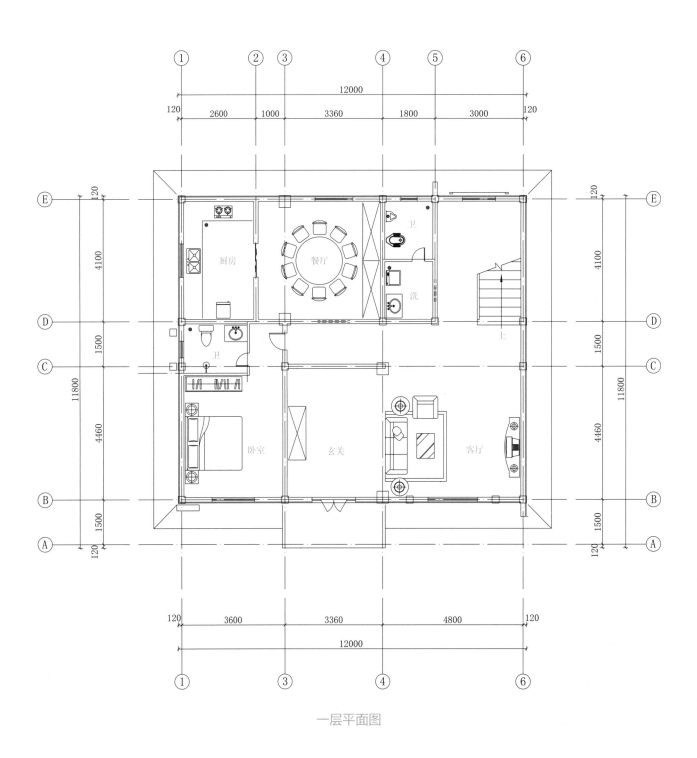

一层平面图

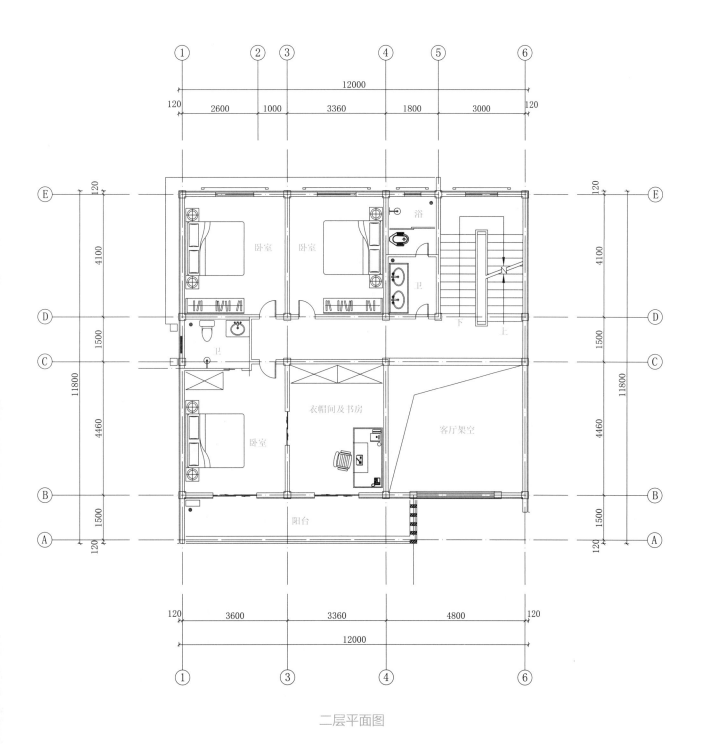

二层平面图

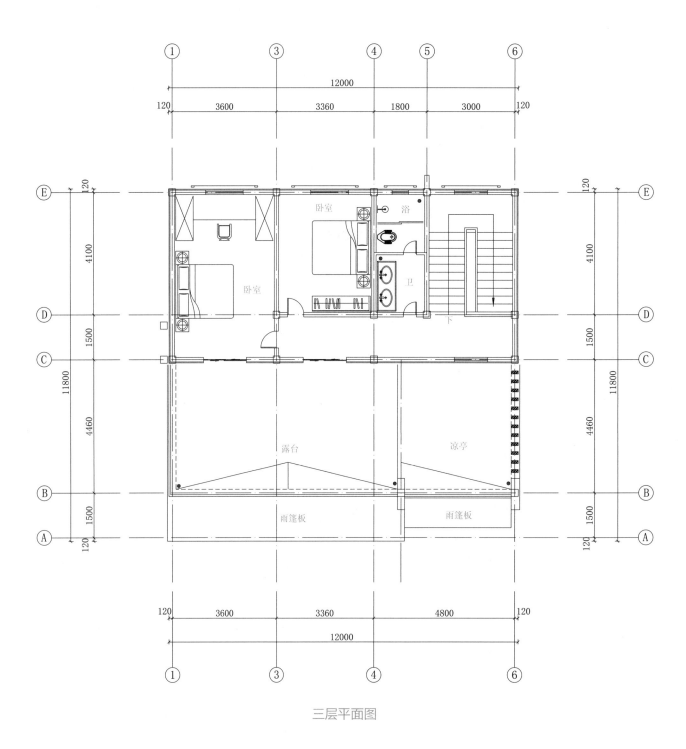

三层平面图

方案65

本方案效果图见 066 页

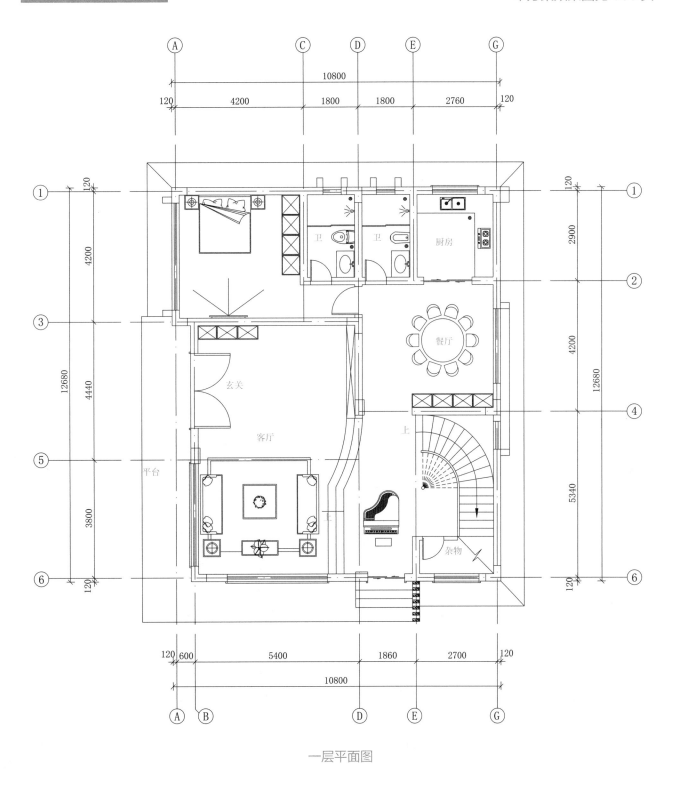

一层平面图

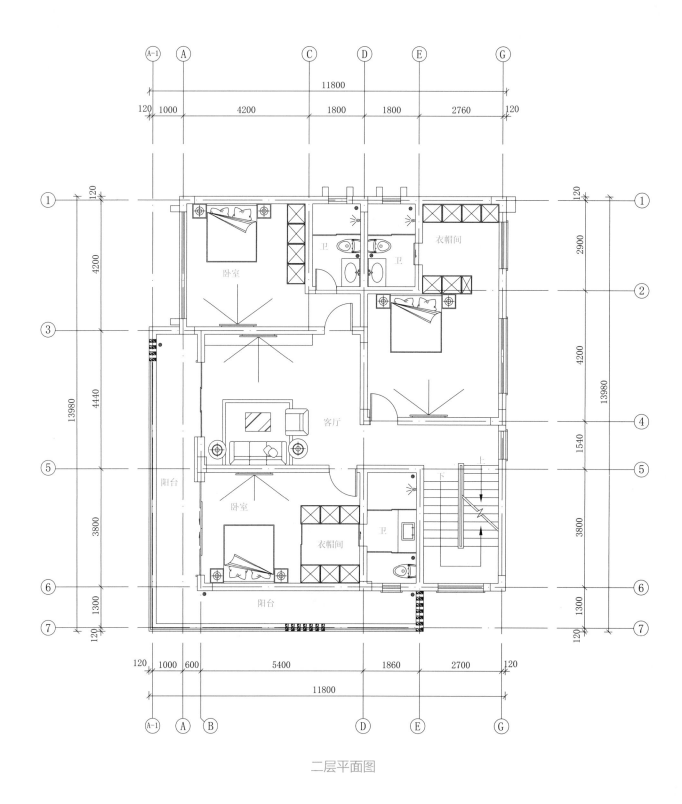

二层平面图

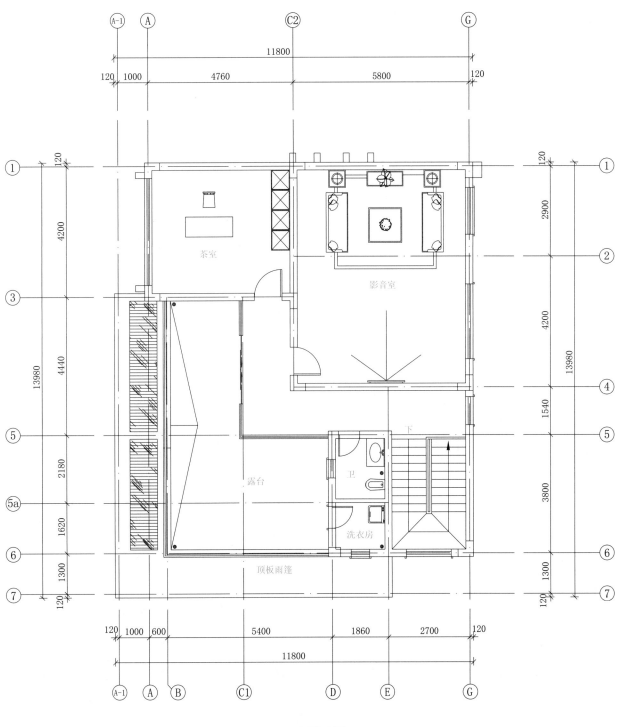

三层平面图

方案 66

本方案效果图见 067 页

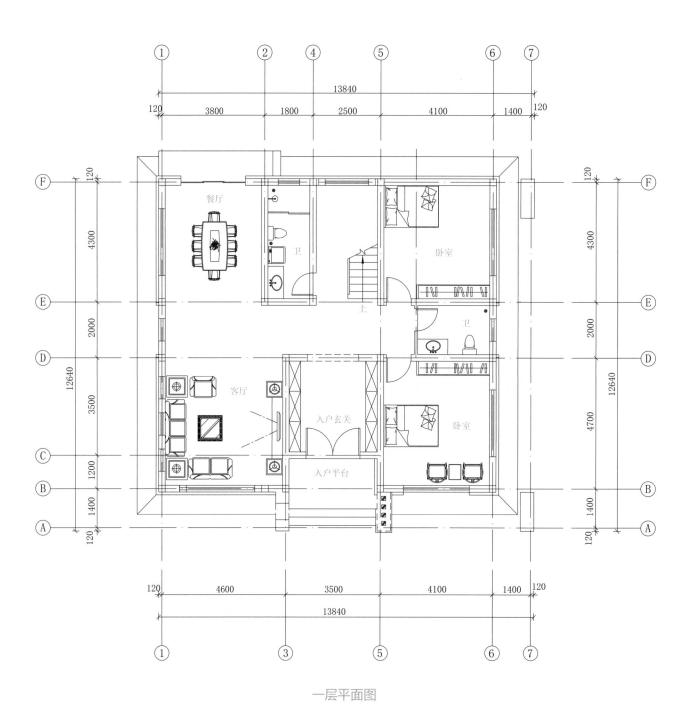

一层平面图

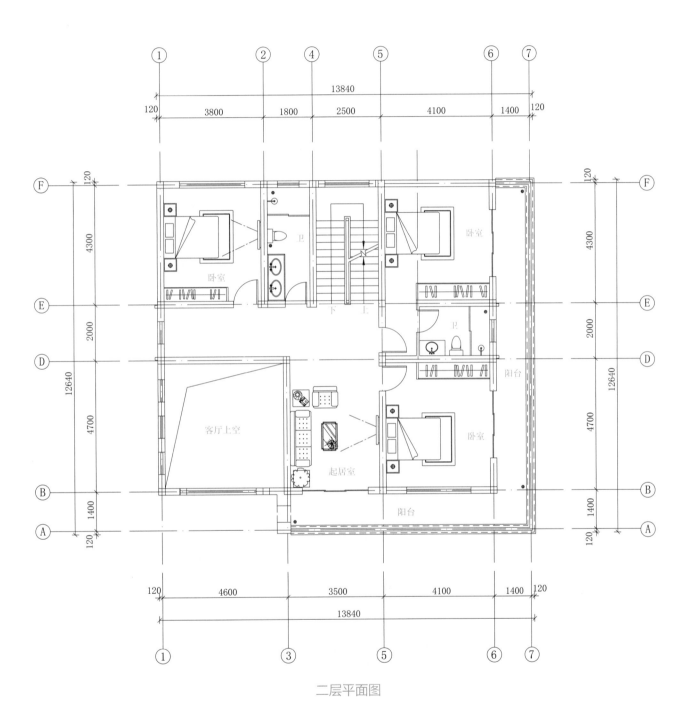

二层平面图

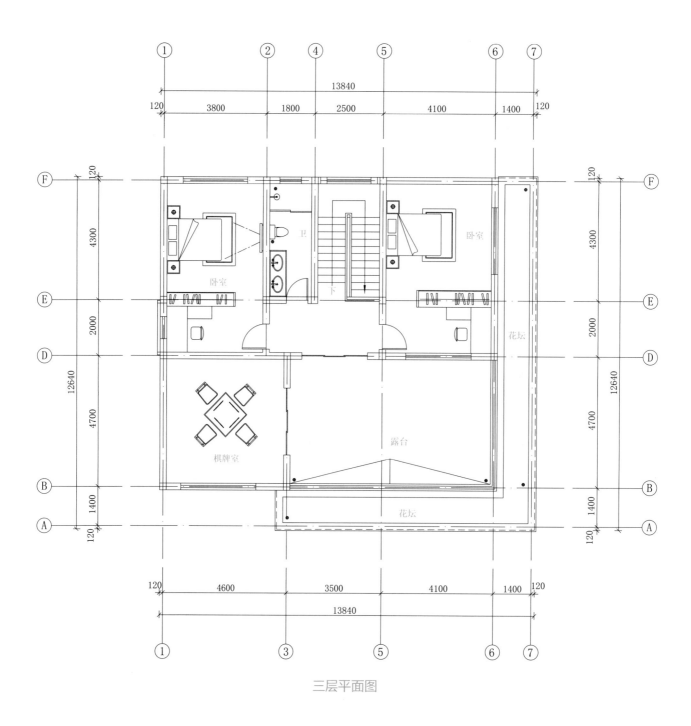

三层平面图

方案 67

本方案效果图见 068 页

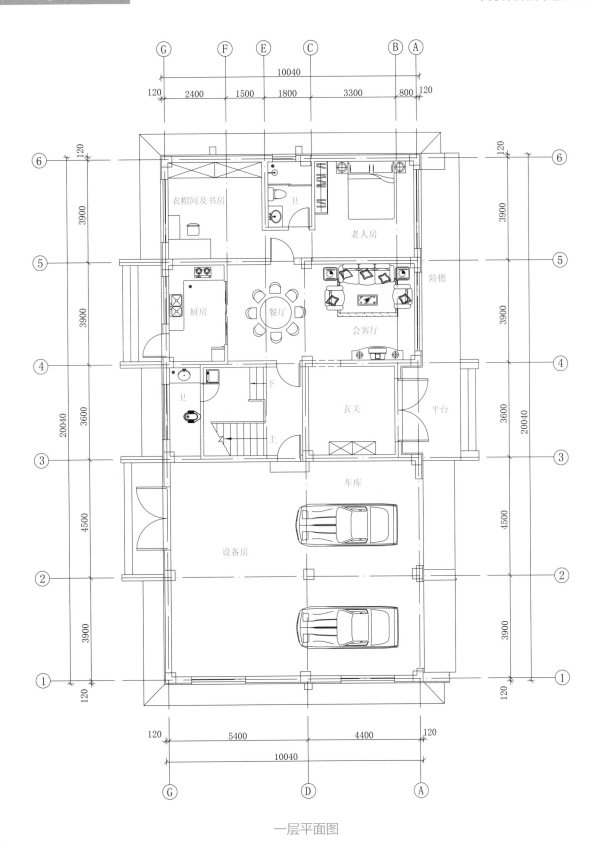

一层平面图

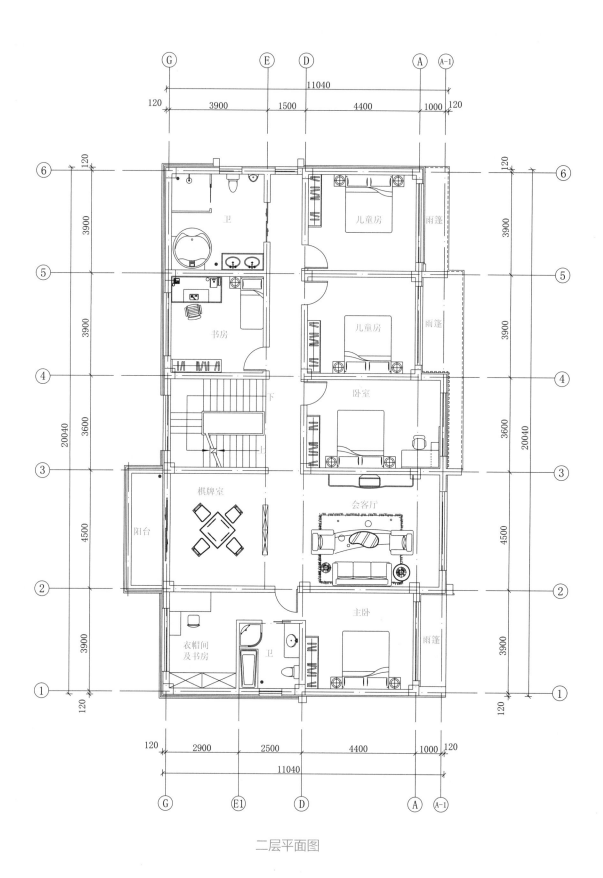

二层平面图

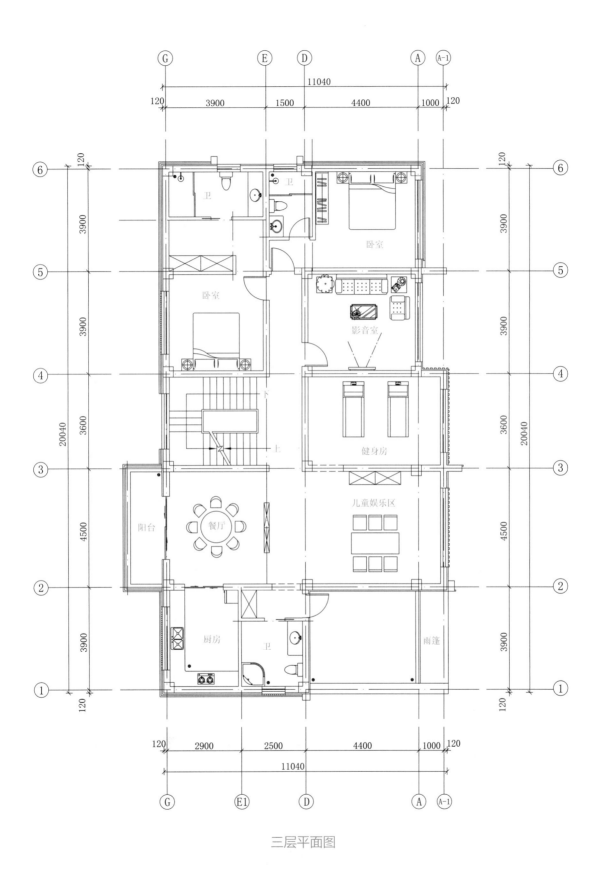

三层平面图

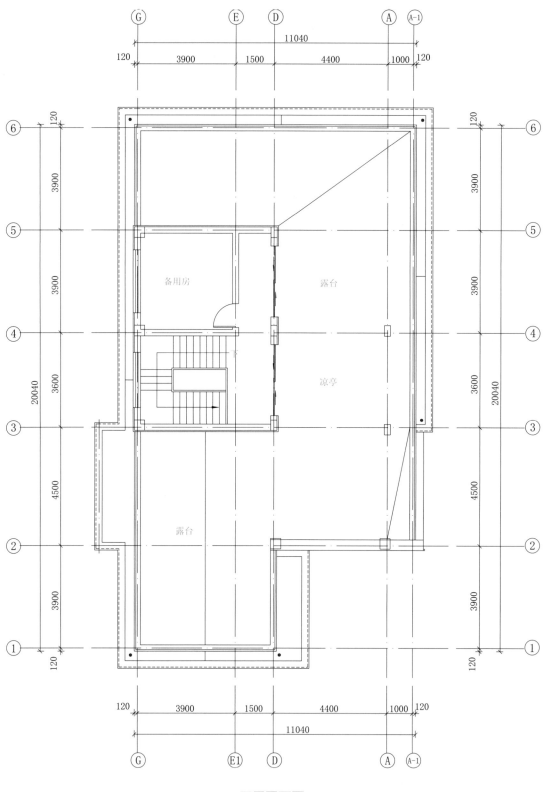

备用房

露台

凉亭

露台

四层平面图

方案 68

本方案效果图见 069 页

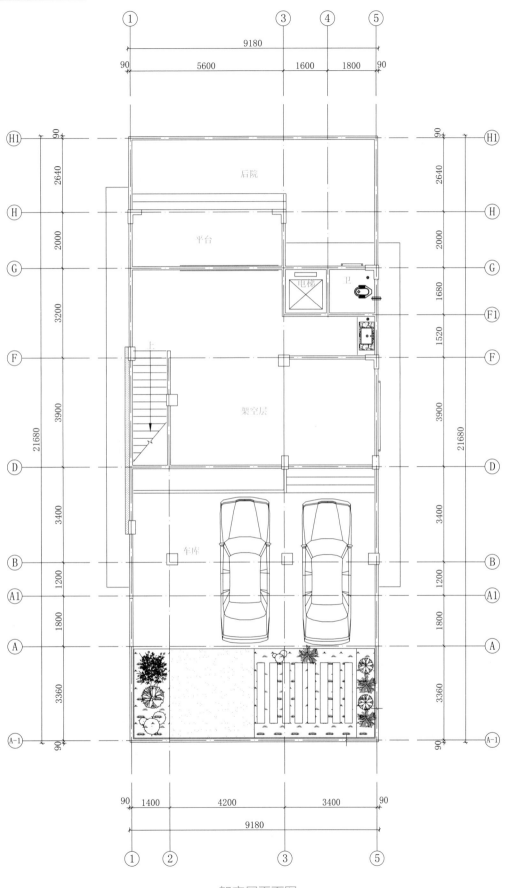

架空层平面图

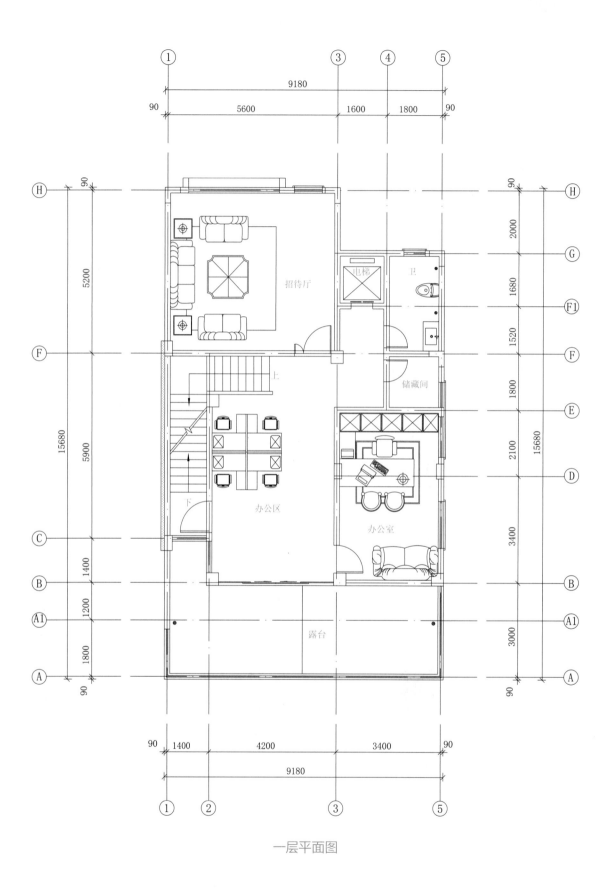

一层平面图

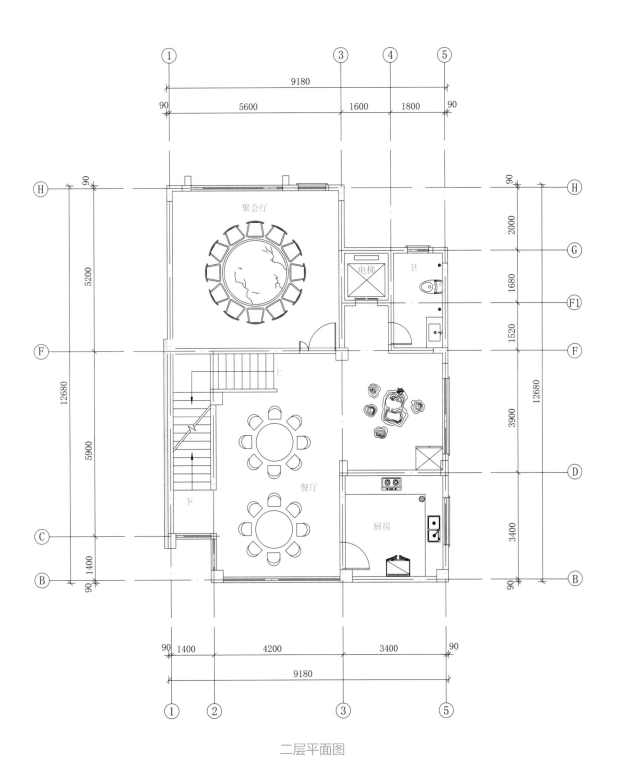

二层平面图

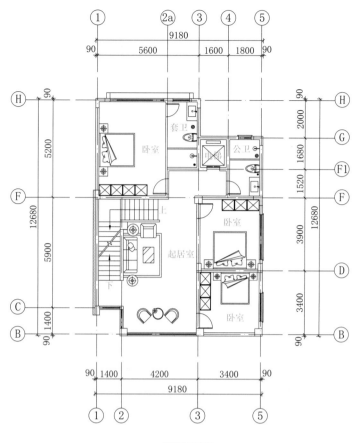

三层平面图

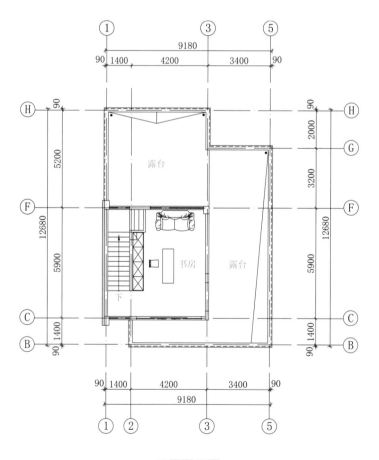

四层平面图

方案 69

本方案效果图见 070 页

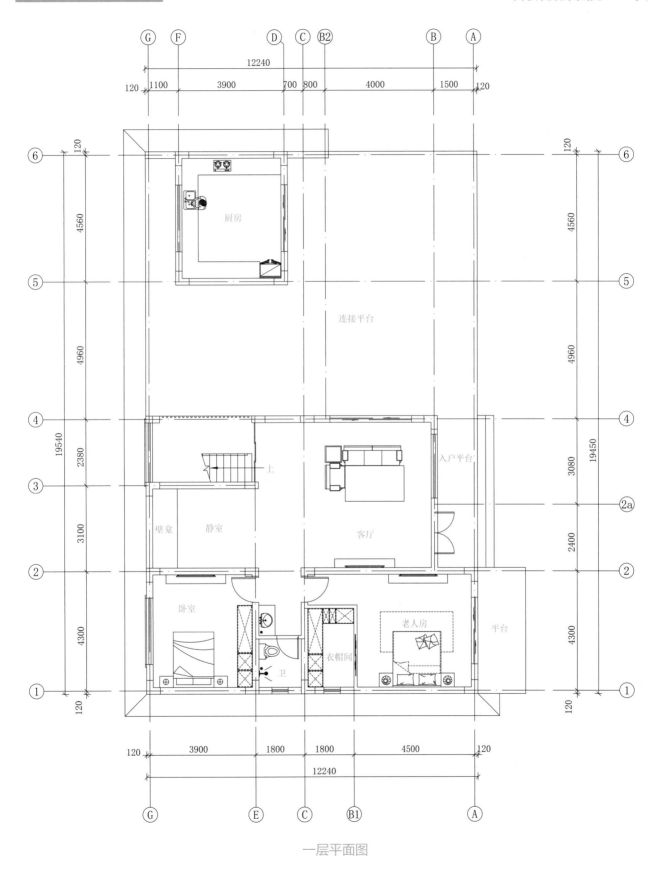

一层平面图

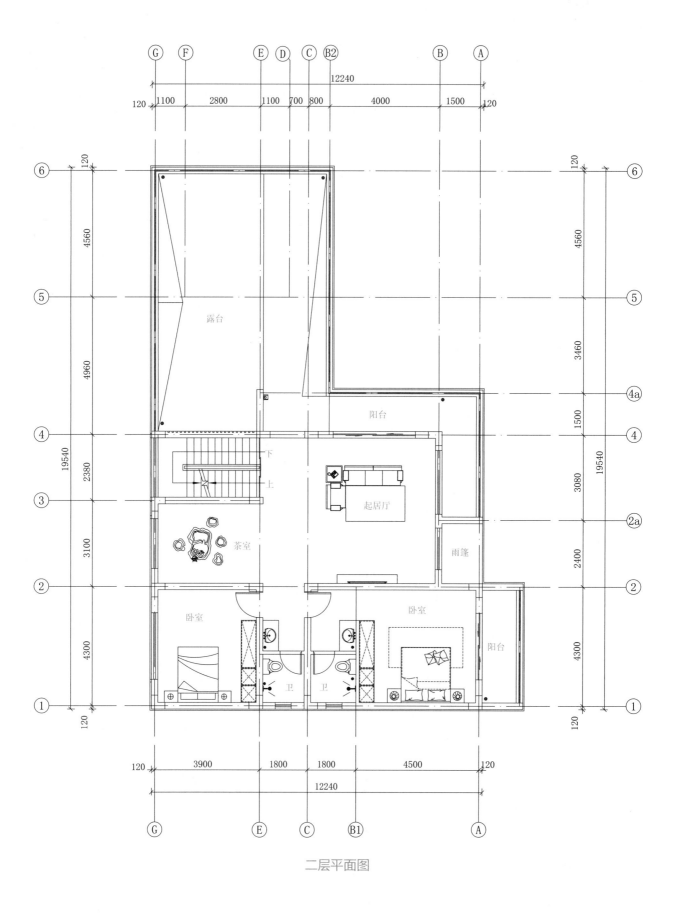

二层平面图

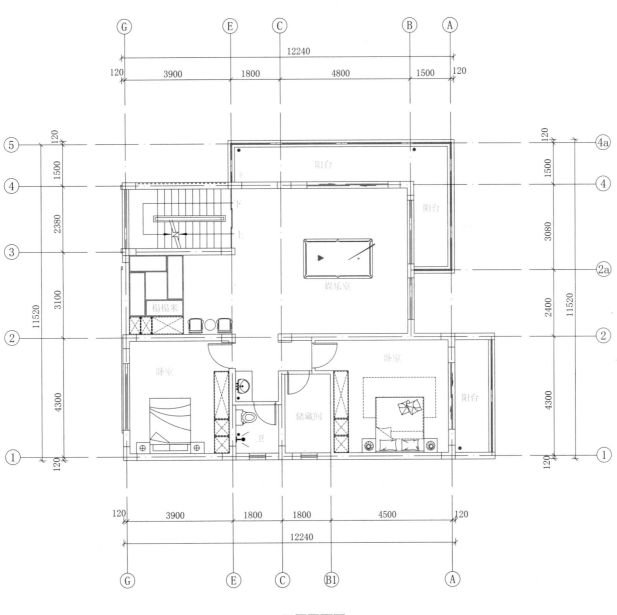

三层平面图

方案 70

本方案效果图见 071 页

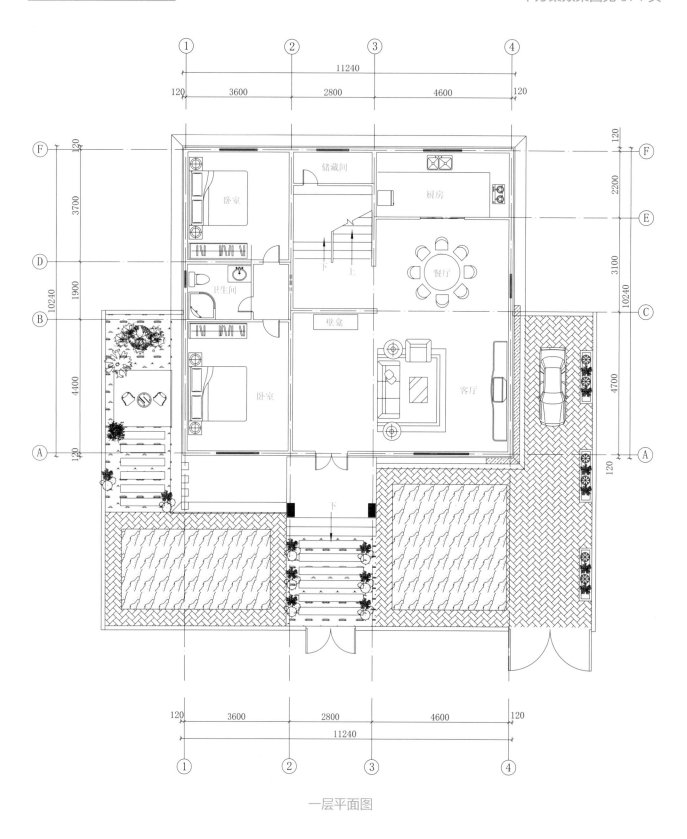

一层平面图

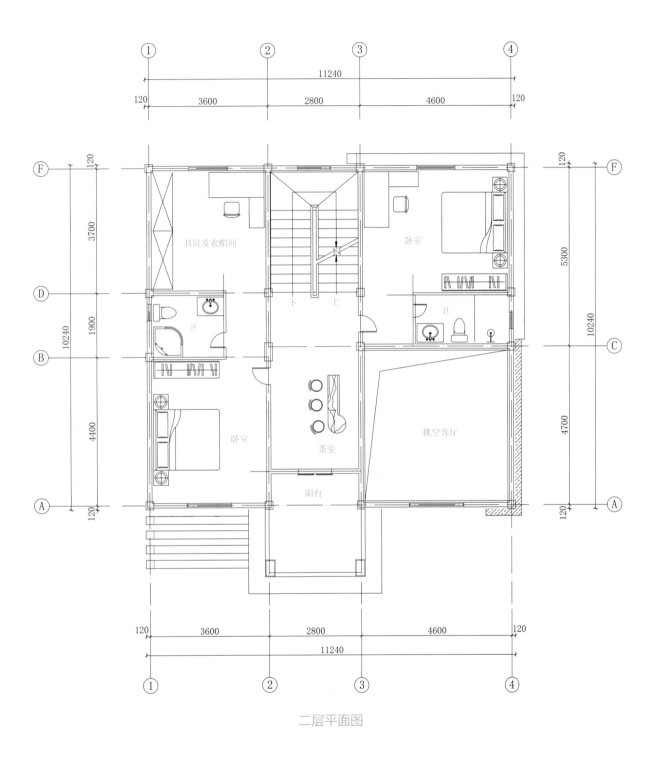

二层平面图

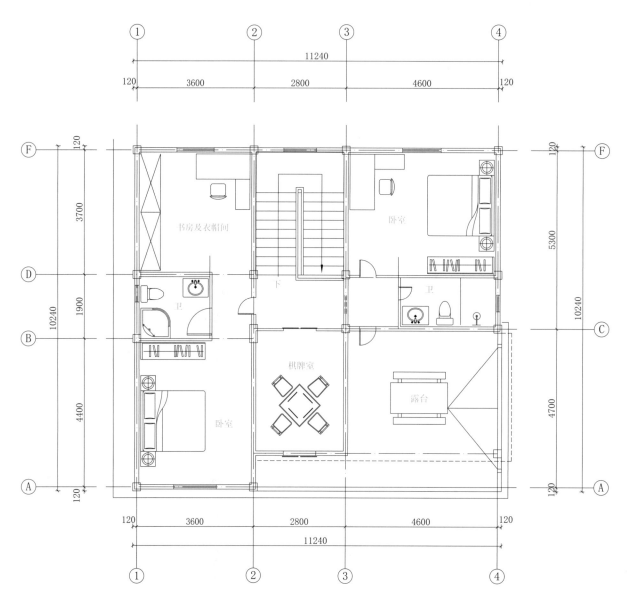

三层平面图

方案 71

本方案效果图见 072 页

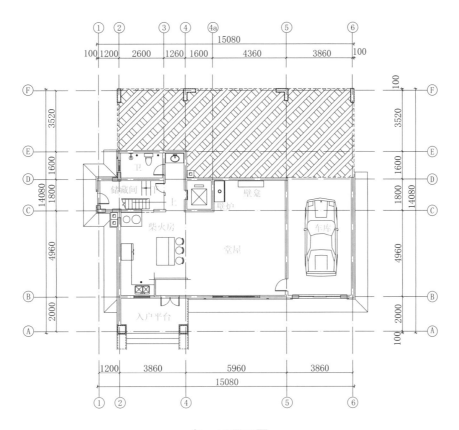

负一层平面图

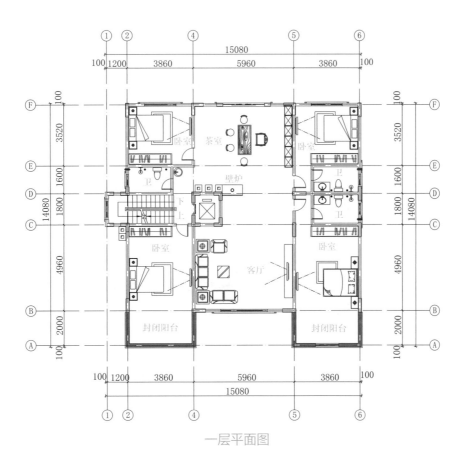

一层平面图

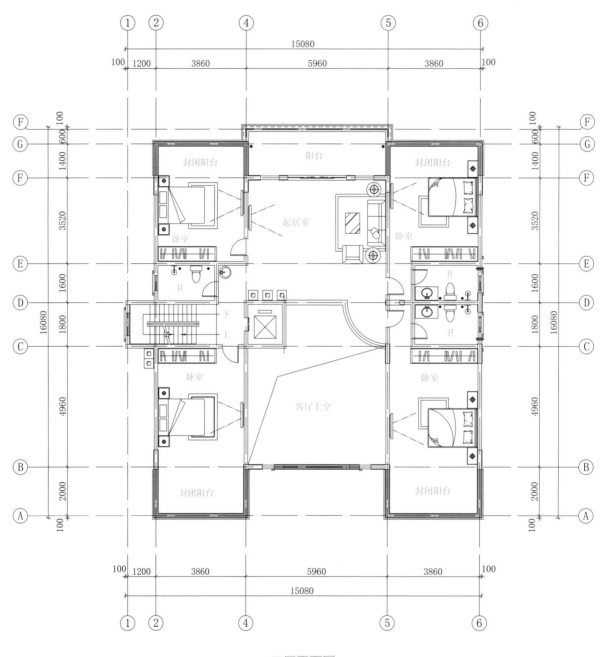

二层平面图

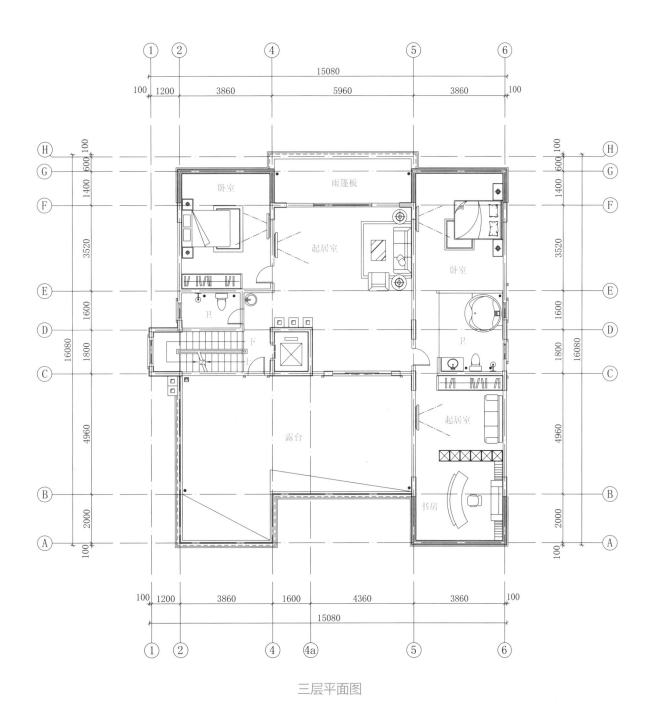

三层平面图

方案 72

本方案效果图见 073 页

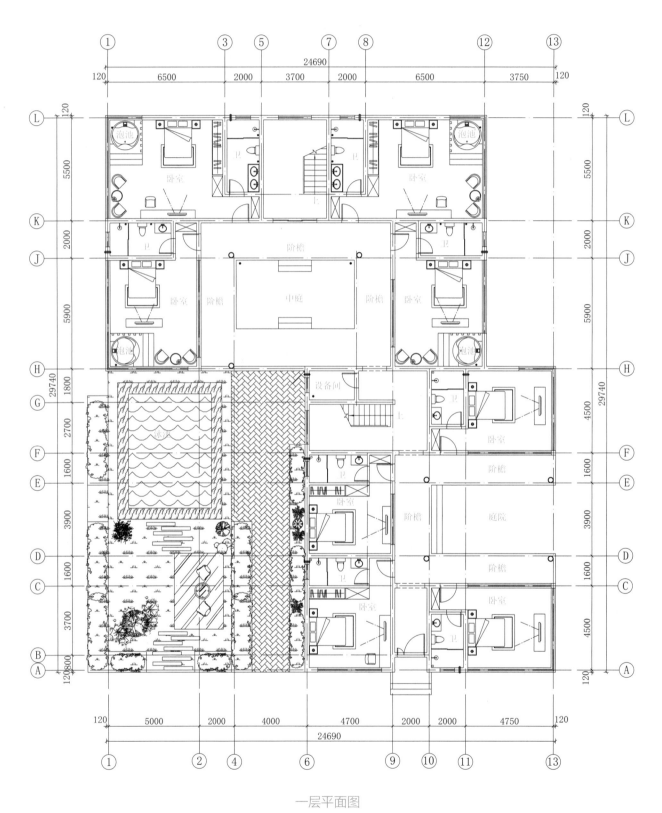

一层平面图

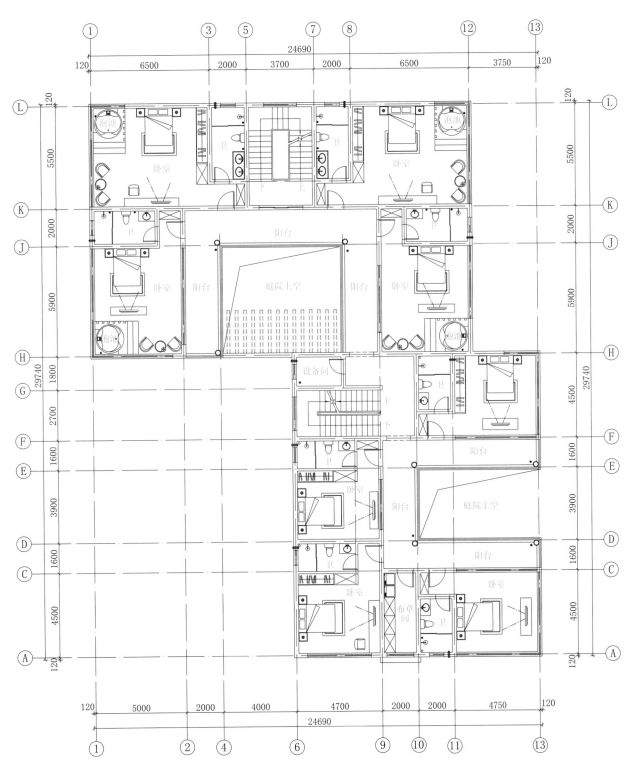

二层平面图

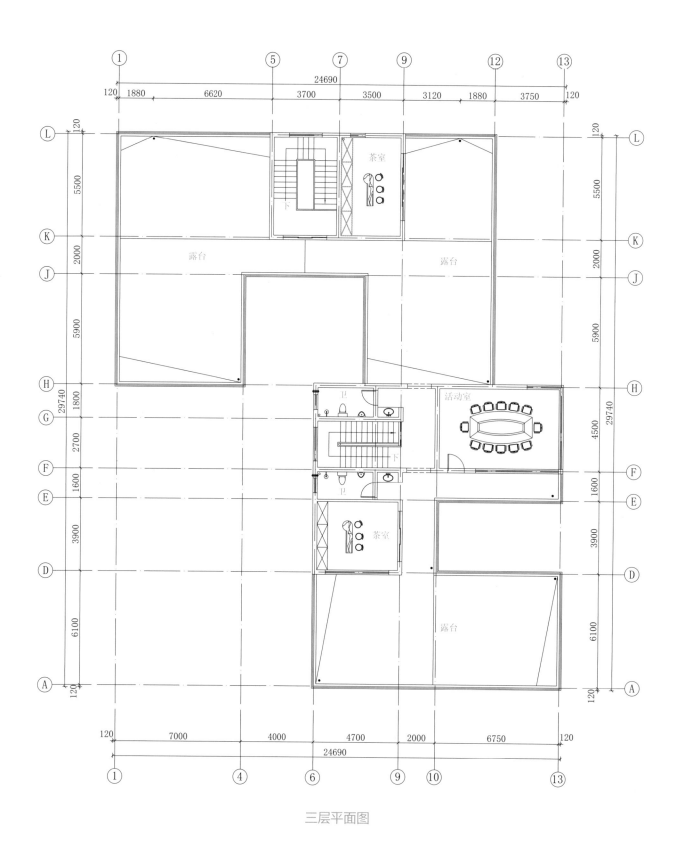

三层平面图

方案 73

本方案效果图见 074 页

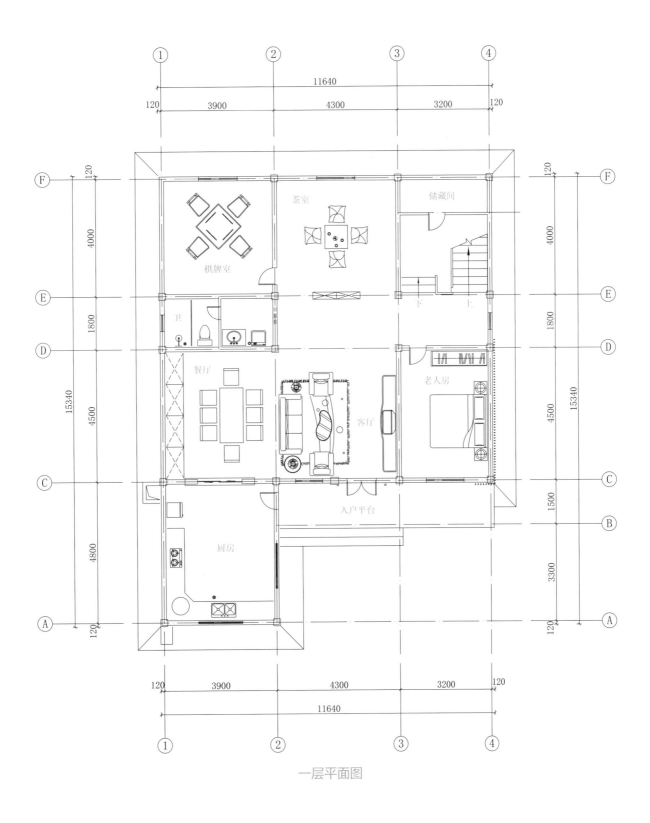

一层平面图

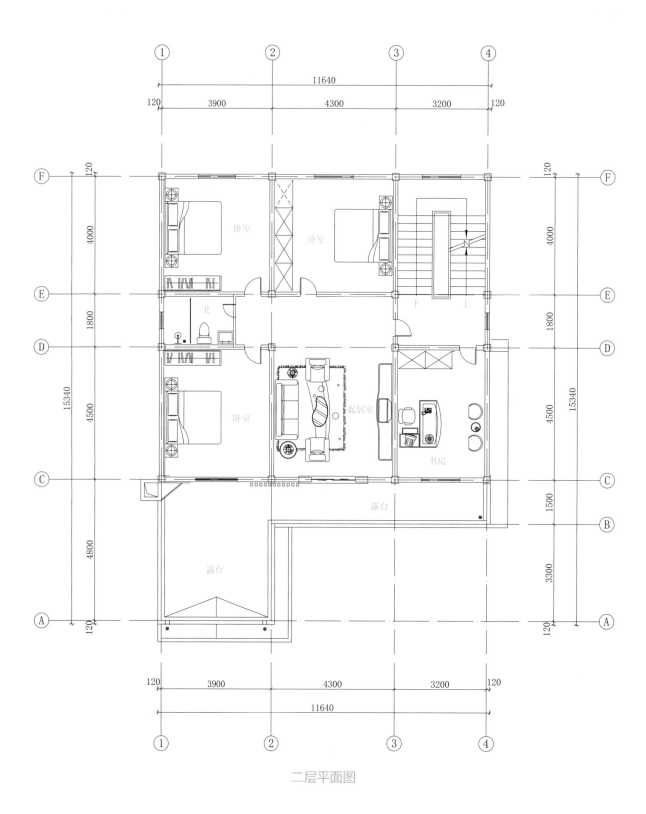

二层平面图

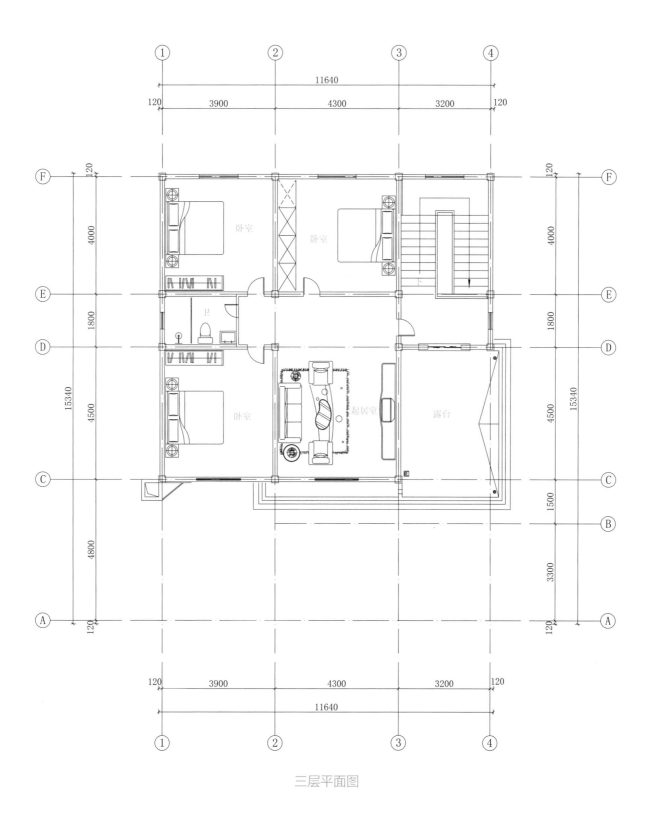

三层平面图

方案 74

本方案效果图见 075 页

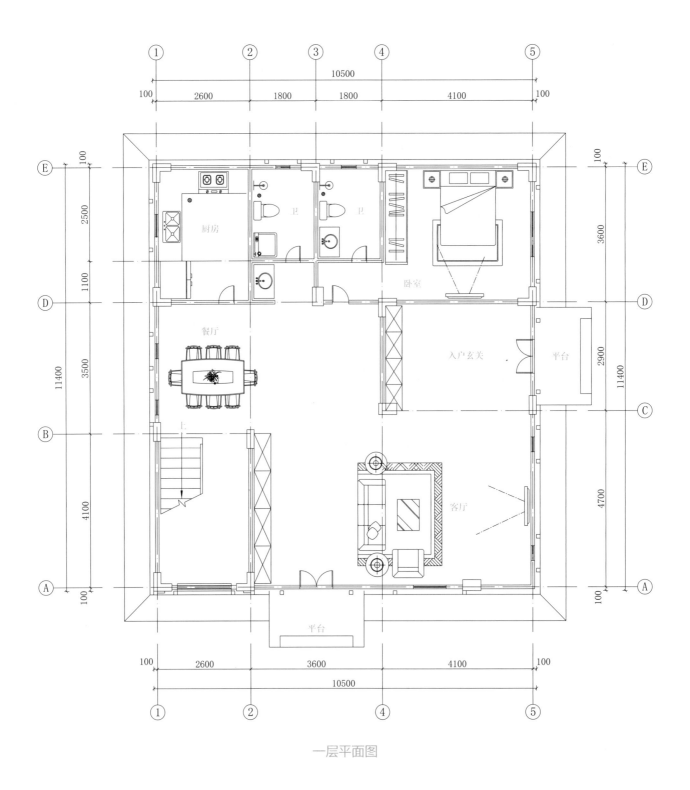

一层平面图

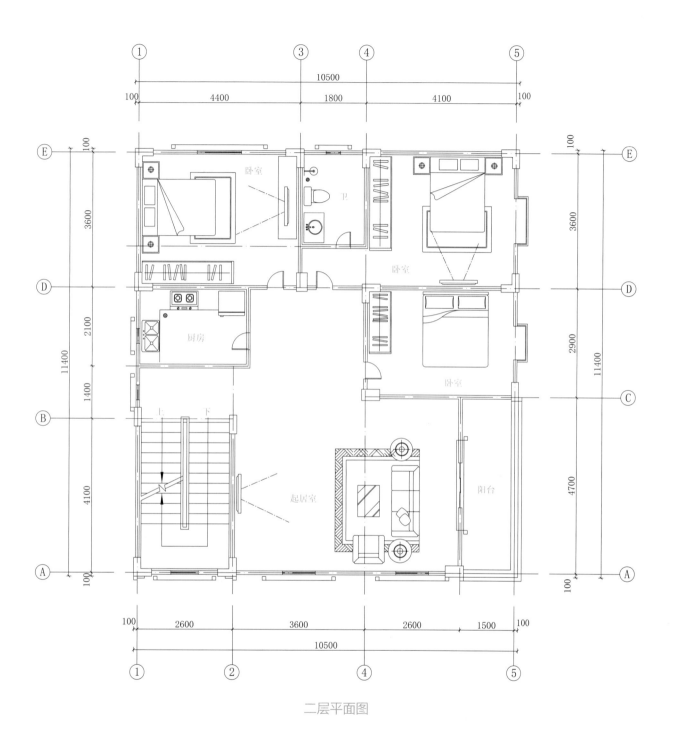

二层平面图

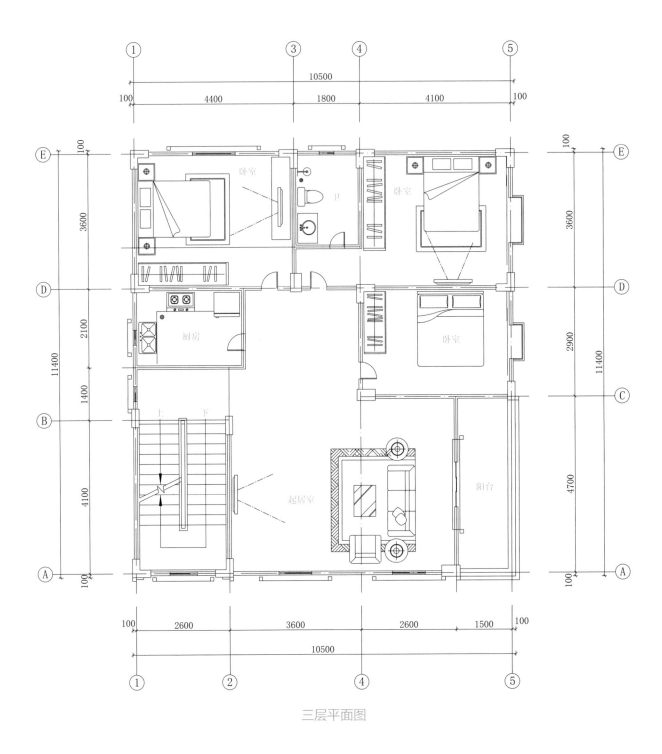

三层平面图

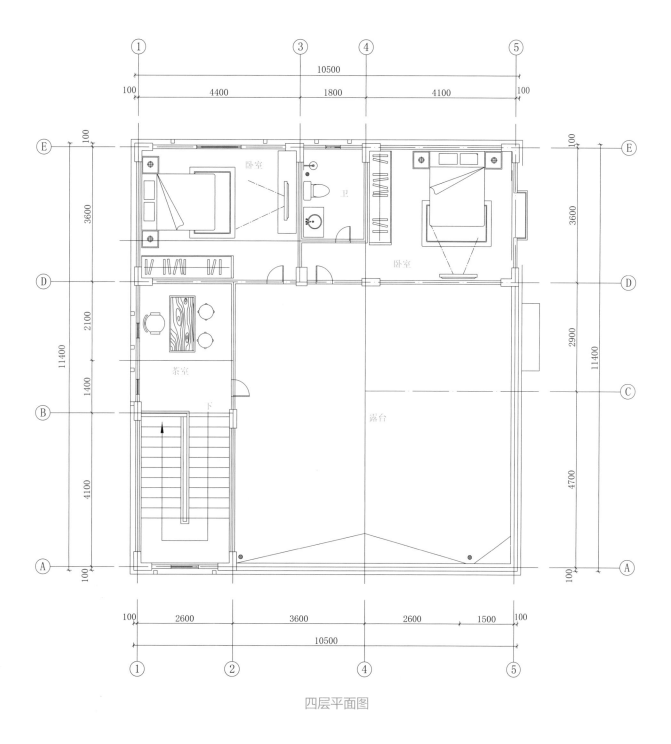

四层平面图

方案 75

本方案效果图见 076 页

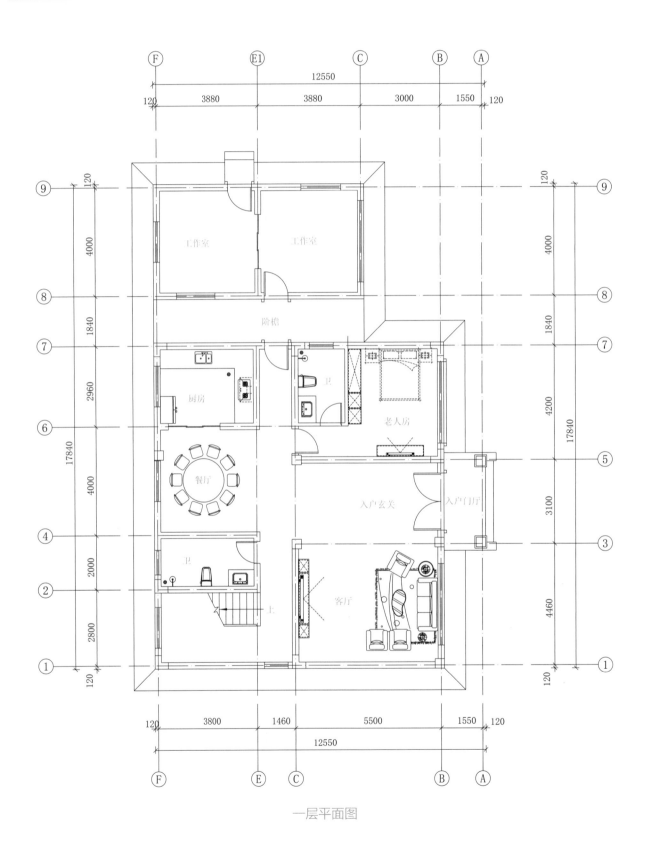

一层平面图

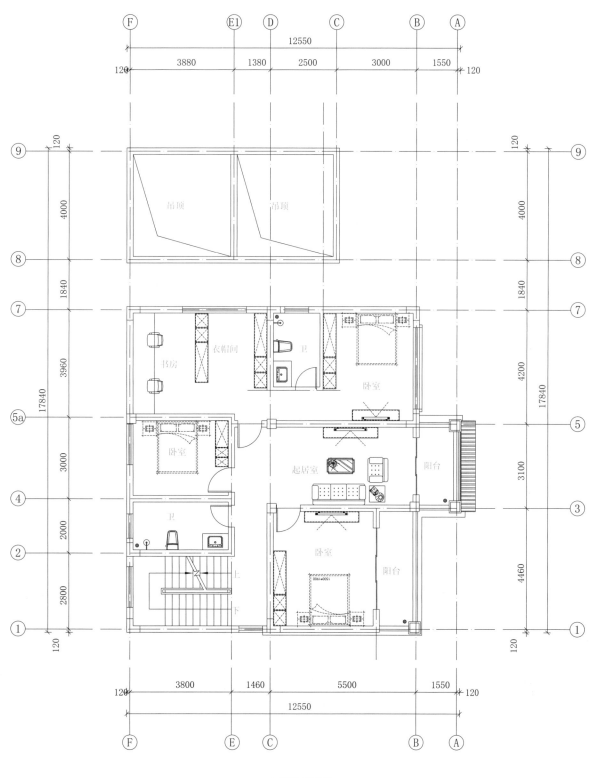

二层平面图

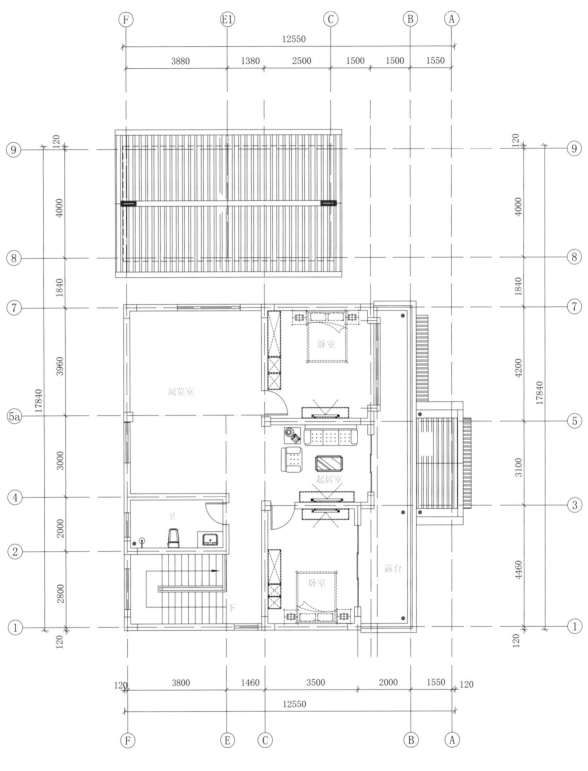

三层平面图

方案 76

本方案效果图见 077 页

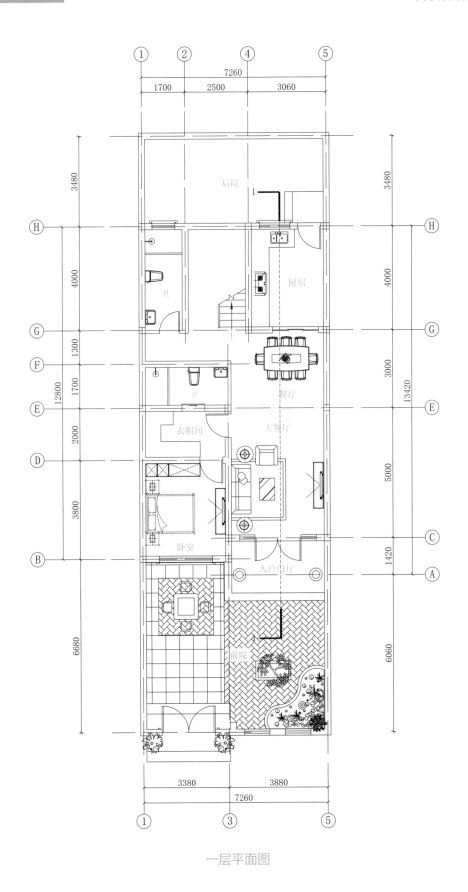

一层平面图

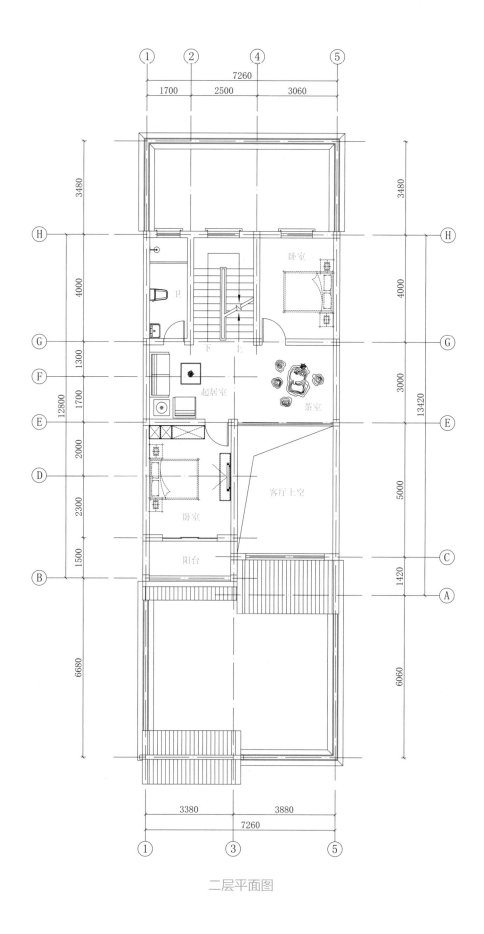

二层平面图

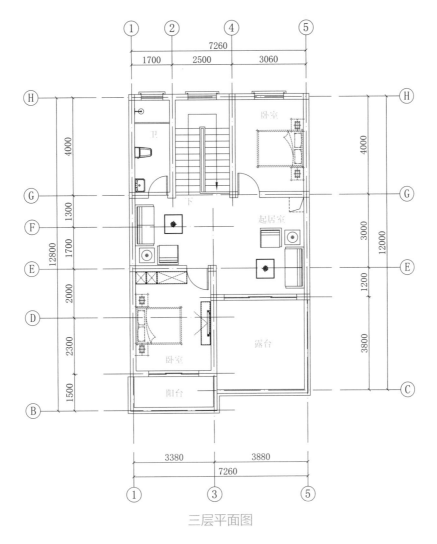

三层平面图

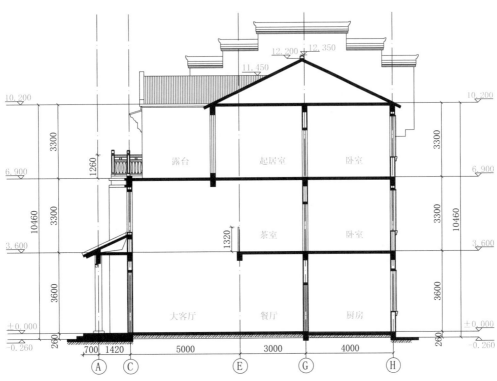

1-1剖面图

方案 77

本方案效果图见 078 页

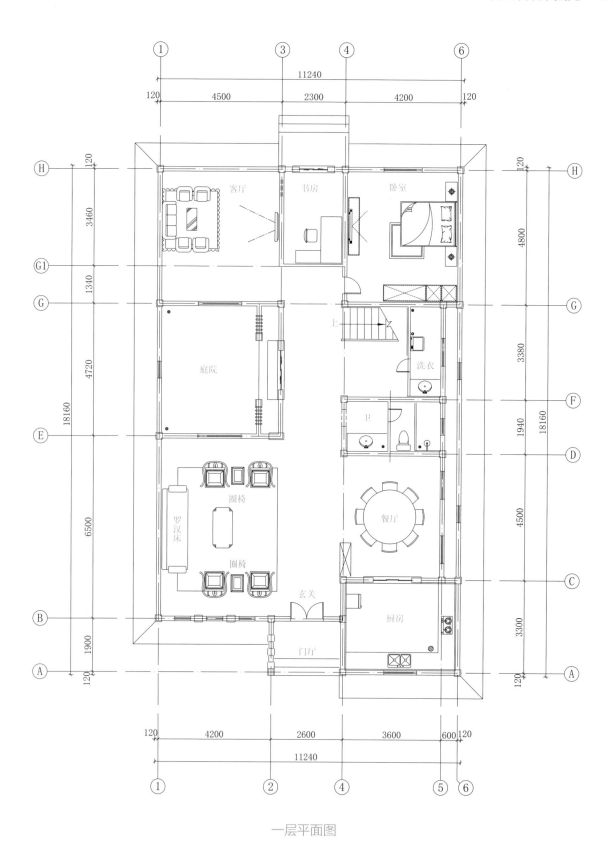

一层平面图

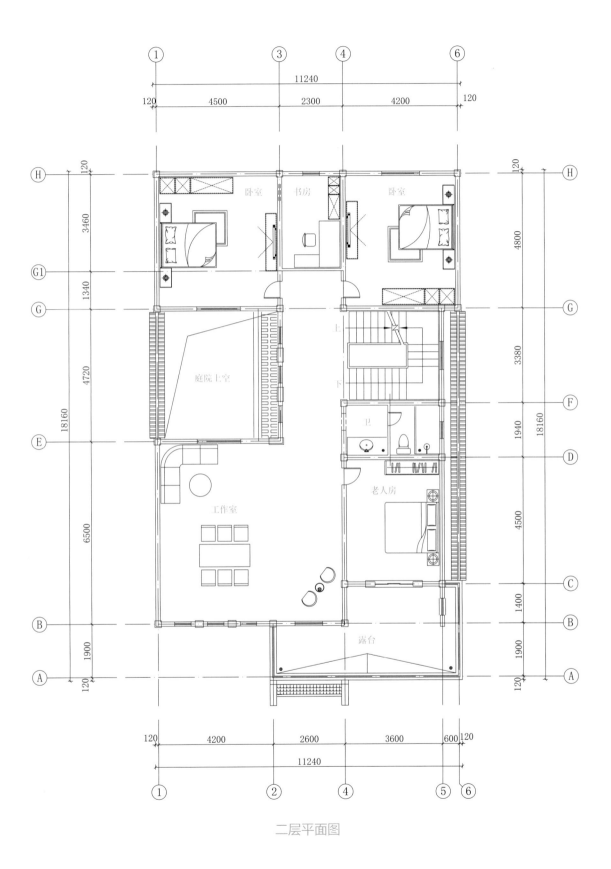

二层平面图

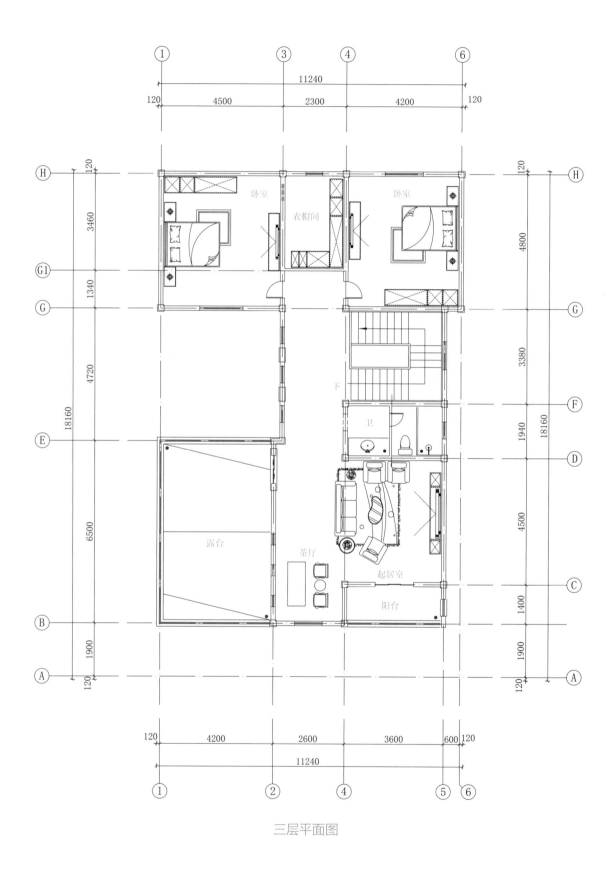

三层平面图

方案 78

本方案效果图见 079 页

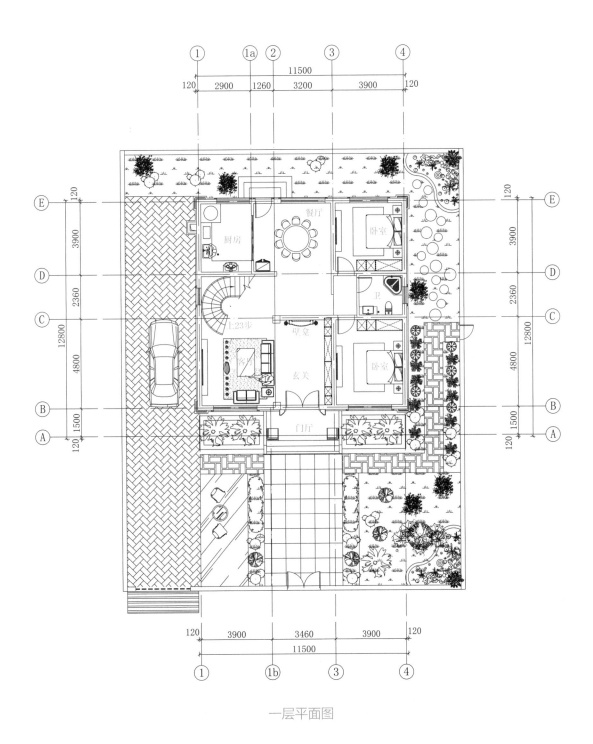

一层平面图

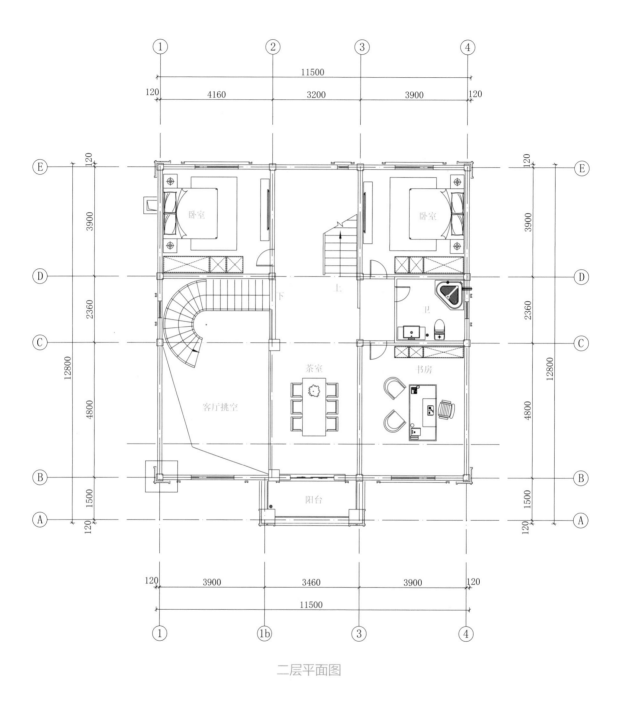

二层平面图

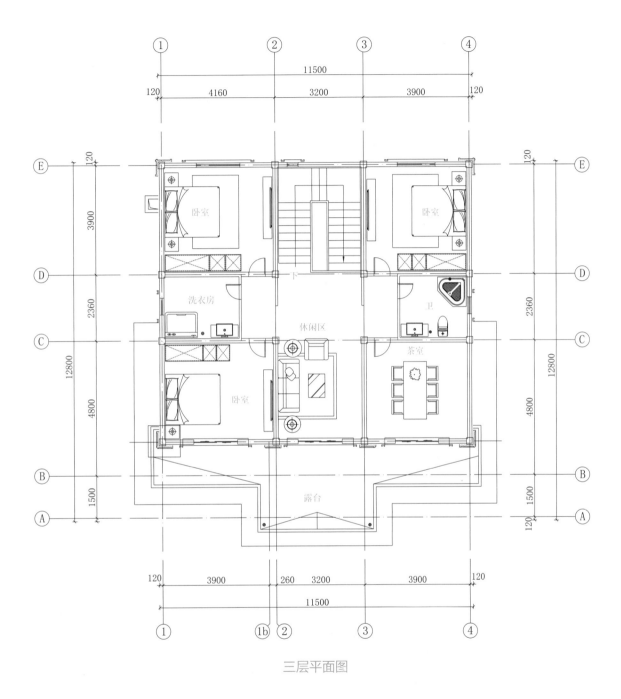

三层平面图

方案 79

本方案效果图见 080 页

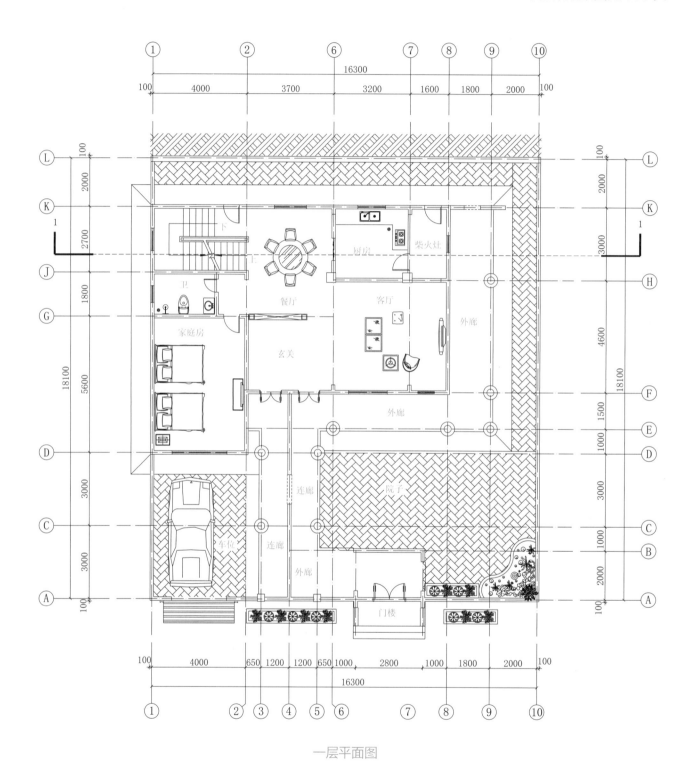

一层平面图

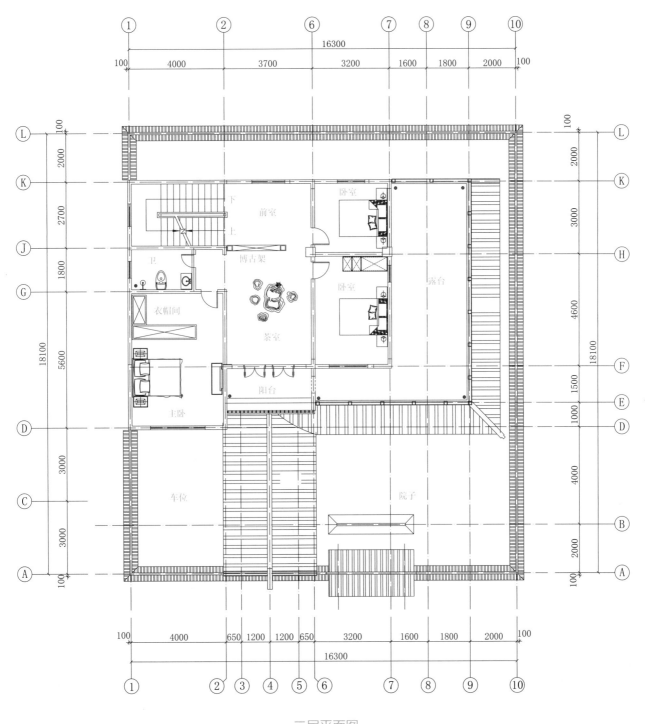

二层平面图

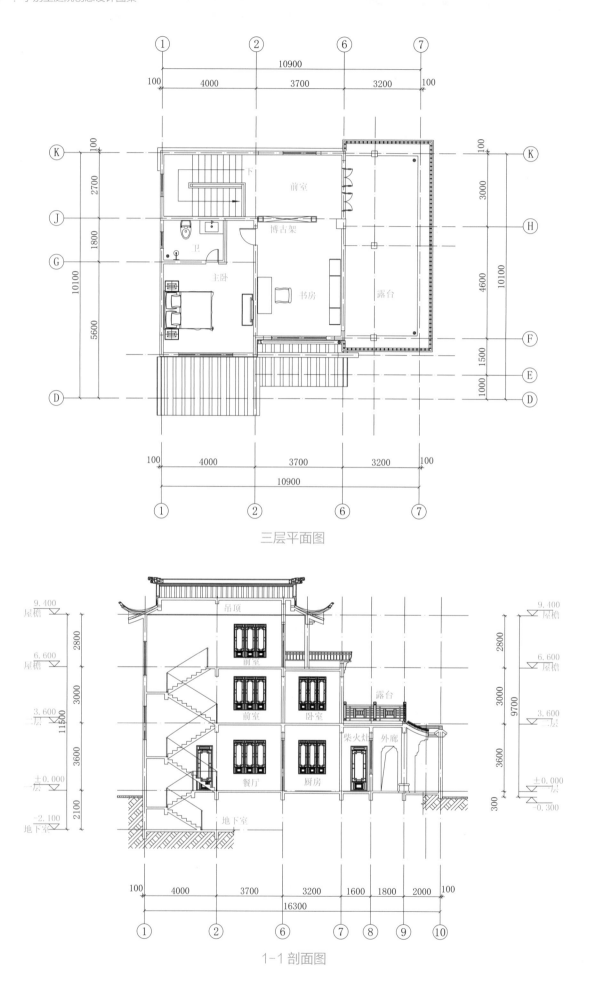

三层平面图

1-1 剖面图